全国高等职业教育规划教材

AutoCAD 2010 机械制图实训教程

主　编　于　梅　滕雪梅
副主编　杨　青　姜旭霞
参　编　赵海峰　何晓光
主　审　陈　刚

机 械 工 业 出 版 社

本书主要内容包括：AutoCAD 2010入门，图层和对象特性，绘图辅助方法，AutoCAD 2010 基本绘图命令，AutoCAD 2010 基本编辑命令，文字、表格与尺寸标注，创建与使用图块，轴测图的绘制，三维绘图基础、三维实体的绘制与编辑、打印出图等。各章均安排了大量实例讲解，如机械制图中常用的平面图形、三视图、轴测图、三维实体、零件图、装配图等。使用户在学习 AutoCAD 2010 实用命令的同时，进一步掌握其在工程实践中灵活应用的方法。

本书可作为大专院校、高职高专的专业课程教材，也可作为培训机构和广大工程技术人员的参考书。

为配合教学，本书配有电子课件，读者可以登录机械工业出版社教材服务网 www.cmpedu.com 免费注册、审核通过后下载，或联系编辑索取（QQ：1239258369，电话（010）88379739）。

图书在版编目（CIP）数据

AutoCAD 2010机械制图实训教程 / 于梅，滕雪梅主编. —北京：机械工业出版社，2012.12（2021.8重印）
全国高等职业教育规划教材
ISBN 978-7-111-40804-8

Ⅰ．①A… Ⅱ．①于… ②滕… Ⅲ．①机械制图—AutoCAD 软件—高等职业教育—教材 Ⅳ．①TH126

中国版本图书馆 CIP 数据核字（2012）第 302045 号

机械工业出版社（北京市百万庄大街22 号 邮政编码100037）
责任编辑：曹帅鹏
责任印制：常天培

唐山三艺印务有限公司印刷

2021年8月第1版·第7次印刷
184mm×260mm·16.5 印张·407 千字
标准书号：ISBN 978-7-111-40804-8
定价：43.00元

全国高等职业教育规划教材
机电类专业委员会成员名单

主　　任　　吴家礼

副主任　　任建伟　张　华　陈剑鹤　韩全立　盛靖琪　谭胜富

委　　员　　（按姓氏笔画排序）

王启洋　王国玉　王晓东　代礼前　史新民　田林红

龙光涛　任艳君　刘靖华　刘　震　吕　汀　纪静波

何　伟　吴元凯　张　伟　李长胜　李　宏　李柏青

李晓宏　李益民　杨士伟　杨华明　杨　欣　杨显宏

陈文杰　陈志刚　陈黎敏　苑喜军　金卫国　奚小网

徐　宁　陶亦亦　曹　凤　盛定高　程时甘　韩满林

秘书长　　胡毓坚

副秘书长　郝秀凯

出 版 说 明

根据"教育部关于以就业为导向深化高等职业教育改革的若干意见"中提出的高等职业院校必须把培养学生动手能力、实践能力和可持续发展能力放在突出的地位，促进学生技能的培养，以及教材内容要紧密结合生产实际，并注意及时跟踪先进技术的发展等指导精神，机械工业出版社组织全国近60所高等职业院校的骨干教师对在2001年出版的"面向21世纪高职高专系列教材"进行了全面的修订和增补，并更名为"全国高等职业教育规划教材"。

本系列教材是由高职高专计算机专业、电子技术专业和机电专业教材编委会分别会同各高职高专院校的一线骨干教师，针对相关专业的课程设置，融合教学中的实践经验，同时吸收高等职业教育改革的成果而编写完成的，具有"定位准确、注重能力、内容创新、结构合理和叙述通俗"的编写特色。在几年的教学实践中，本系列教材获得了较高的评价，并有多个品种被评为普通高等教育"十一五"国家级规划教材。在修订和增补过程中，除了保持原有特色外，针对课程的不同性质采取了不同的优化措施。其中，核心基础课程的教材在保持扎实的理论基础的同时，增加实训和习题；实践性较强的课程强调理论与实训紧密结合；涉及实用技术的课程则在教材中引入了最新的知识、技术、工艺和方法。同时，根据实际教学的需要对部分课程进行了整合。

归纳起来，本系列教材具有以下特点：

1）围绕培养学生的职业技能这条主线来设计教材的结构、内容和形式。

2）合理安排基础知识和实践知识的比例。基础知识以"必需、够用"为度，强调专业技术应用能力的训练，适当增加实训环节。

3）符合高职学生的学习特点和认知规律。对基本理论和方法的论述容易理解、清晰简洁，多用图表来表达信息；增加相关技术在生产中的应用实例，引导学生主动学习。

4）教材内容紧随技术和经济的发展而更新，及时将新知识、新技术、新工艺和新案例等引入教材。同时注重吸收最新的教学理念，并积极支持新专业的教材建设。

5）注重立体化教材建设。通过主教材、电子教案、配套素材光盘、实训指导和习题及解答等教学资源的有机结合，提高教学服务水平，为高素质技能型人才的培养创造良好的条件。

由于我国高等职业教育改革和发展的速度很快，加之我们的水平和经验有限，因此在教材的编写和出版过程中难免出现问题和错误。我们恳请使用这套教材的师生及时向我们反馈质量信息，以利于我们今后不断提高教材的出版质量，为广大师生提供更多、更适用的教材。

机械工业出版社

前　言

AutoCAD 是由美国 Autodesk 公司开发的通用计算机辅助设计软件，是目前世界上应用最广的 CAD 软件之一。随着时间的推移和软件的不断完善，AutoCAD 已由原先的侧重于二维绘图技术，发展到二维、三维绘图技术兼备，且具有网上设计的多功能 CAD 软件系统。AutoCAD 具有良好的用户界面，通过交互菜单或命令行方式便可以进行各种操作。它的多文档设计环境，让非计算机专业人员也能很快地学会使用。

本书是编者在 AutoCAD 2010 绘图软件的平台上，通过对 AutoCAD 2010 实用命令的介绍，辅以对机械图样的实例讲解，经过精心设计、选择、编辑的一本实用教程。书中通过大量典型实例详细介绍了 AutoCAD 2010 中文版各种命令的操作方法以及利用 AutoCAD 2010 中文版进行机械设计（绘制零件图、装配图、轴测图和三维造型）的方法。其中还介绍了作者在教学过程和实际操作中摸索出来的绘图技巧，这些技巧独到而且实用，可以帮助读者全面提高绘图技能。

全书共分 11 章，主要内容包括：AutoCAD 2010 入门，图层和对象特性，绘图辅助方法，AutoCAD 2010 基本绘图命令，AutoCAD 2010 基本编辑命令，文字、表格与尺寸标注，创建与使用图块，轴测图的绘制，三维绘图基础，三维实体的绘制与编辑，打印出图等。各章均安排了大量实例讲解，如机械制图中常用的平面图形、三视图、轴测图、三维实体、零件图、装配图等。使用户在学习 AutoCAD 2010 实用命令的同时，进一步掌握其在工程实践中灵活应用的方法。

本书由南京信息职业技术学院于梅、滕雪梅任主编，广东佛山职业技术学院杨青、河北冀中职业学院姜旭霞任副主编，南京信息职业技术学院赵海峰、何晓光参加了本书的编写。其中滕雪梅编写了第 1、2、3 章，杨青编写了第 4 章，于梅编写了第 5、6、7、8 章，赵海峰编写了第 9 章，何晓光编写了第 10 章，姜旭霞编写了第 11 章，最后于梅对全书进行了统稿。南京信息职业技术学院陈刚担任主审，对全书提出了宝贵意见。在本书编写过程中得到南京信息职业技术学院机电学院领导、学院教务处和其他同事的大力支持，在此表示衷心的感谢。

由于编者水平有限，书中难免有错误和不足，欢迎广大读者在使用过程中提出宝贵意见和建议，在此也表示衷心的感谢。

编　者

目　　录

出版说明

前言

第 1 章　AutoCAD 2010 入门 ··· *1*

1.1　AutoCAD 2010 的主要功能 ·· *1*

1.2　AutoCAD 2010 的新增功能 ·· *3*

1.3　启动 AutoCAD 2010 ·· *3*

1.4　AutoCAD 2010 的窗口界面 ·· *4*

1.4.1　标题栏 ·· *5*

1.4.2　菜单栏 ·· *5*

1.4.3　工具栏 ·· *6*

1.4.4　绘图区 ·· *7*

1.4.5　命令窗口 ··· *7*

1.4.6　状态栏 ·· *7*

1.4.7　十字光标 ··· *7*

1.5　文件的管理 ·· *7*

1.5.1　新建图形文件 ·· *7*

1.5.2　打开图形文件 ·· *7*

1.5.3　保存图形文件 ·· *8*

1.5.4　退出图形文件 ·· *8*

1.6　命令的输入与结束 ··· *8*

1.7　退出 AutoCAD 2010 ·· *9*

1.8　实训——熟悉 AutoCAD 2010 绘图软件 ···································· *9*

第 2 章　图层和对象特性 ··· *10*

2.1　设置图层 ·· *10*

2.1.1　图层概述 ··· *10*

2.1.2　设置图层 ··· *11*

2.2　设置线型 ·· *13*

2.2.1　线型设置 ··· *13*

2.2.2　线宽设置 ··· *14*

2.3　设置颜色 ·· *15*

2.4　对象的特性 ··· *16*

2.4.1　修改对象特性 ·· *16*

2.4.2 特性匹配 ·· 17

2.5 实训——图层设置 ··· 19

第3章 绘图辅助方法 ·· 20

3.1 系统选项设置 ··· 20

3.1.1 "选项"对话框的调用方法及含义 ·· 20

3.1.2 改变绘图区的背景颜色 ·· 21

3.2 设置图形界限 ··· 22

3.3 设置绘图单位和精度 ·· 23

3.4 辅助定位 ··· 24

3.4.1 捕捉和栅格功能 ··· 24

3.4.2 正交模式 ·· 25

3.4.3 极轴追踪 ·· 25

3.4.4 对象捕捉 ·· 26

3.4.5 对象捕捉追踪 ·· 28

3.5 图形的显示控制 ·· 30

3.6 创建样板图 ·· 32

3.7 实训——绘制样板图 ·· 35

第4章 AutoCAD 2010 基本绘图命令 ·· 37

4.1 数据的输入方法 ·· 37

4.1.1 点的输入方法 ·· 37

4.1.2 距离值的输入方法 ·· 40

4.2 绘制直线 ··· 43

4.3 绘制圆 ·· 44

4.3.1 指定圆心、半径绘制圆 ·· 44

4.3.2 指定圆上的三点绘制圆 ·· 45

4.3.3 指定圆心、直径方式绘制圆 ·· 45

4.3.4 指定相切、相切、半径方式绘制圆 ·· 45

4.3.5 指定相切、相切、相切方式绘制圆 ·· 45

4.4 绘制构造线和射线 ··· 46

4.4.1 绘制构造线 ··· 46

4.4.2 绘制射线 ·· 48

4.5 绘制多段线 ·· 48

4.6 绘制正多边形 ··· 52

4.7 绘制矩形 ··· 53

4.8 绘制圆弧 ··· 55

4.8.1 三点方式 ·· 56

4.8.2 起点、圆心、端点方式 ·· 56

4.8.3 起点、圆心、角度方式 ·· 57

　　4.8.4　起点、圆心、长度方式 ··· 57

　　4.8.5　起点、端点、角度方式 ··· 57

　　4.8.6　起点、端点、方向方式 ··· 58

　　4.8.7　起点、端点、半径方式 ··· 58

4.9　绘制椭圆和椭圆弧 ··· 59

　　4.9.1　中心点方式 ··· 59

　　4.9.2　轴端点方式 ··· 59

　　4.9.3　绘制椭圆弧 ··· 60

4.10　绘制样条曲线 ··· 60

　　4.10.1　绘制样条曲线 ··· 61

　　4.10.2　编辑样条曲线 ··· 61

4.11　绘制多线 ··· 63

　　4.11.1　绘制多线 ··· 63

　　4.11.2　创建多线样式 ··· 63

4.12　图案的填充 ··· 65

　　4.12.1　创建图案填充 ··· 65

　　4.12.2　设置填充孤岛 ··· 68

　　4.12.3　渐变色填充 ··· 69

4.13　实训——使用 AutoCAD 2010 基本绘图命令绘制平面图形 ····················· 70

第 5 章　AutoCAD 2010 基本编辑命令 ··· 73

5.1　选择对象 ··· 73

5.2　删除对象 ··· 75

　　5.2.1　删除对象简介 ··· 75

　　5.2.2　恢复删除对象 ··· 75

5.3　复制对象 ··· 76

5.4　镜像对象 ··· 77

5.5　偏移对象 ··· 78

5.6　阵列对象 ··· 81

5.7　移动对象 ··· 83

5.8　旋转对象 ··· 84

5.9　比例缩放对象 ··· 85

5.10　拉伸对象 ··· 86

5.11　修剪对象 ··· 87

5.12　延伸对象 ··· 88

5.13　打断对象 ··· 89

5.14　倒角 ··· 90

5.15　倒圆角 ··· 92

5.16　分解对象 ··· 94

5.17　实训——使用编辑命令绘制平面图形 ⋯⋯⋯⋯⋯⋯⋯⋯⋯⋯⋯⋯⋯ *95*

第 6 章　文字、表格与尺寸标注 ⋯⋯⋯⋯⋯⋯⋯⋯⋯⋯⋯⋯⋯⋯⋯⋯⋯ *112*

6.1　文字 ⋯⋯⋯⋯⋯⋯⋯⋯⋯⋯⋯⋯⋯⋯⋯⋯⋯⋯⋯⋯⋯⋯⋯⋯⋯⋯⋯ *112*

　6.1.1　设置文字样式 ⋯⋯⋯⋯⋯⋯⋯⋯⋯⋯⋯⋯⋯⋯⋯⋯⋯⋯⋯⋯ *112*

　6.1.2　标注单行文字 ⋯⋯⋯⋯⋯⋯⋯⋯⋯⋯⋯⋯⋯⋯⋯⋯⋯⋯⋯⋯ *115*

　6.1.3　标注多行文字 ⋯⋯⋯⋯⋯⋯⋯⋯⋯⋯⋯⋯⋯⋯⋯⋯⋯⋯⋯⋯ *115*

　6.1.4　编辑文字 ⋯⋯⋯⋯⋯⋯⋯⋯⋯⋯⋯⋯⋯⋯⋯⋯⋯⋯⋯⋯⋯⋯ *115*

6.2　表格 ⋯⋯⋯⋯⋯⋯⋯⋯⋯⋯⋯⋯⋯⋯⋯⋯⋯⋯⋯⋯⋯⋯⋯⋯⋯⋯⋯ *118*

　6.2.1　创建表格 ⋯⋯⋯⋯⋯⋯⋯⋯⋯⋯⋯⋯⋯⋯⋯⋯⋯⋯⋯⋯⋯⋯ *118*

　6.2.2　插入表格 ⋯⋯⋯⋯⋯⋯⋯⋯⋯⋯⋯⋯⋯⋯⋯⋯⋯⋯⋯⋯⋯⋯ *121*

　6.2.3　编辑表格 ⋯⋯⋯⋯⋯⋯⋯⋯⋯⋯⋯⋯⋯⋯⋯⋯⋯⋯⋯⋯⋯⋯ *122*

6.3　尺寸标注 ⋯⋯⋯⋯⋯⋯⋯⋯⋯⋯⋯⋯⋯⋯⋯⋯⋯⋯⋯⋯⋯⋯⋯⋯⋯ *126*

　6.3.1　标注样式管理器的设置 ⋯⋯⋯⋯⋯⋯⋯⋯⋯⋯⋯⋯⋯⋯⋯ *127*

　6.3.2　基本尺寸标注 ⋯⋯⋯⋯⋯⋯⋯⋯⋯⋯⋯⋯⋯⋯⋯⋯⋯⋯⋯⋯ *131*

　6.3.3　多重引线标注 ⋯⋯⋯⋯⋯⋯⋯⋯⋯⋯⋯⋯⋯⋯⋯⋯⋯⋯⋯⋯ *141*

6.4　形位公差的标注 ⋯⋯⋯⋯⋯⋯⋯⋯⋯⋯⋯⋯⋯⋯⋯⋯⋯⋯⋯⋯⋯ *145*

6.5　编辑尺寸标注及文字标注 ⋯⋯⋯⋯⋯⋯⋯⋯⋯⋯⋯⋯⋯⋯⋯⋯ *147*

　6.5.1　编辑尺寸标注 ⋯⋯⋯⋯⋯⋯⋯⋯⋯⋯⋯⋯⋯⋯⋯⋯⋯⋯⋯⋯ *147*

　6.5.2　编辑标注文字 ⋯⋯⋯⋯⋯⋯⋯⋯⋯⋯⋯⋯⋯⋯⋯⋯⋯⋯⋯⋯ *148*

6.6　实训——"标注样式管理器"的设置及其尺寸标注 ⋯⋯⋯⋯⋯ *148*

第 7 章　创建与使用图块 ⋯⋯⋯⋯⋯⋯⋯⋯⋯⋯⋯⋯⋯⋯⋯⋯⋯⋯⋯⋯ *155*

7.1　创建图块 ⋯⋯⋯⋯⋯⋯⋯⋯⋯⋯⋯⋯⋯⋯⋯⋯⋯⋯⋯⋯⋯⋯⋯⋯⋯ *155*

　7.1.1　创建内部图块 ⋯⋯⋯⋯⋯⋯⋯⋯⋯⋯⋯⋯⋯⋯⋯⋯⋯⋯⋯⋯ *155*

　7.1.2　创建外部图块 ⋯⋯⋯⋯⋯⋯⋯⋯⋯⋯⋯⋯⋯⋯⋯⋯⋯⋯⋯⋯ *157*

7.2　插入图块 ⋯⋯⋯⋯⋯⋯⋯⋯⋯⋯⋯⋯⋯⋯⋯⋯⋯⋯⋯⋯⋯⋯⋯⋯⋯ *159*

7.3　编辑图块 ⋯⋯⋯⋯⋯⋯⋯⋯⋯⋯⋯⋯⋯⋯⋯⋯⋯⋯⋯⋯⋯⋯⋯⋯⋯ *160*

　7.3.1　块的分解 ⋯⋯⋯⋯⋯⋯⋯⋯⋯⋯⋯⋯⋯⋯⋯⋯⋯⋯⋯⋯⋯⋯ *160*

　7.3.2　块的重定义 ⋯⋯⋯⋯⋯⋯⋯⋯⋯⋯⋯⋯⋯⋯⋯⋯⋯⋯⋯⋯⋯ *161*

　7.3.3　块的在位编辑 ⋯⋯⋯⋯⋯⋯⋯⋯⋯⋯⋯⋯⋯⋯⋯⋯⋯⋯⋯⋯ *162*

　7.3.4　块编辑器 ⋯⋯⋯⋯⋯⋯⋯⋯⋯⋯⋯⋯⋯⋯⋯⋯⋯⋯⋯⋯⋯⋯ *164*

7.4　实训——图块的创建和插入 ⋯⋯⋯⋯⋯⋯⋯⋯⋯⋯⋯⋯⋯⋯⋯ *166*

第 8 章　轴测图的绘制 ⋯⋯⋯⋯⋯⋯⋯⋯⋯⋯⋯⋯⋯⋯⋯⋯⋯⋯⋯⋯⋯ *174*

8.1　轴测图的绘图环境 ⋯⋯⋯⋯⋯⋯⋯⋯⋯⋯⋯⋯⋯⋯⋯⋯⋯⋯⋯⋯ *174*

8.2　绘制正等轴测图 ⋯⋯⋯⋯⋯⋯⋯⋯⋯⋯⋯⋯⋯⋯⋯⋯⋯⋯⋯⋯⋯ *176*

8.3　轴测图的尺寸标注 ⋯⋯⋯⋯⋯⋯⋯⋯⋯⋯⋯⋯⋯⋯⋯⋯⋯⋯⋯⋯ *179*

8.4　实训——轴测图的绘制和尺寸标注 ⋯⋯⋯⋯⋯⋯⋯⋯⋯⋯⋯ *187*

第 9 章　三维绘图基础 ⋯⋯⋯⋯⋯⋯⋯⋯⋯⋯⋯⋯⋯⋯⋯⋯⋯⋯⋯⋯⋯ *193*

9.1　三维坐标系 ⋯⋯⋯⋯⋯⋯⋯⋯⋯⋯⋯⋯⋯⋯⋯⋯⋯⋯⋯⋯⋯⋯⋯ *193*

9.1.1　世界坐标系（WCS）　·· 193

9.1.2　用户坐标系（UCS）　·· 193

9.1.3　恢复世界坐标系　·· 197

9.2　三维绘图环境的设置　·· 198

9.2.1　选择预设三维视图　·· 198

9.2.2　选择预设视点　·· 199

9.2.3　视图的命名与管理　·· 201

9.3　三维动态观察方法　·· 203

9.3.1　三维动态观察　·· 203

9.3.2　着色和消隐　·· 205

9.4　实训——三维绘图环境的设置　·· 206

第 10 章　三维实体的绘制与编辑　·· 209

10.1　三维实体的绘制　·· 209

10.1.1　基本三维实体的绘制　·· 209

10.1.2　从二维图形创建三维实体　·· 213

10.2　三维实体的布尔运算　·· 217

10.2.1　并集运算　·· 217

10.2.2　差集运算　·· 218

10.2.3　交集运算　·· 219

10.3　三维实体的基本编辑命令　·· 223

10.3.1　三维实体的镜像　·· 223

10.3.2　三维实体的对齐　·· 225

10.3.3　三维实体的阵列　·· 226

10.3.4　三维实体的剖切　·· 227

10.3.5　三维实体的切割　·· 228

10.3.6　三维实体倒角　·· 229

10.3.7　三维实体倒圆角　·· 230

10.3.8　抽壳　·· 231

10.3.9　拉伸面　·· 231

10.4　实训——三维实体的绘制与编辑　·· 233

第 11 章　打印出图　·· 239

11.1　模型空间与图纸空间　·· 239

11.1.1　模型空间　·· 239

11.1.2　图纸空间　·· 240

11.2　视口　·· 240

11.2.1　平铺视口　·· 241

11.2.2　浮动视口　·· 244

11.3　打印输出　··· 245

11.3.1 模型空间输出图形 ······································· 245

11.3.2 图纸空间输出图形 ······································· 246

11.4 实训——输出与打印的设置 ································· 247

附录 ··· 249

附录 A AutoCAD 的功能键、快捷键 ························· 249

附录 B AutoCAD 常用命令 ······························· 250

参考文献 ··· 252

第1章 AutoCAD 2010 入门

AutoCAD 是美国 Autodesk 公司推出的计算机绘图软件，它能快速而又精确地绘制各色各样的图形，是当今世界上最畅销的计算机辅助绘图软件之一，也是我国目前应用最广泛的图形软件之一。自 1982 年问世以来，经过不断改进和完善，AutoCAD 已经经历了二十多次的版本升级，广泛应用于机械、电子、建筑、化工、汽车、造船、服装、工美、航空航天等领域。本章主要介绍 AutoCAD 2010 版本的入门基础知识。

1.1 AutoCAD 2010 的主要功能

AutoCAD 2010 具有以下几个方面的主要功能。

（1）二维绘图与编辑

利用 AutoCAD 2010 可以方便地创建各种基本二维图形对象，如直线、射线、构造线、圆、圆环、圆弧、椭圆、矩形、正多边形、样条曲线、多段线及云线等；可以向指定的区域填充图案；可以用渐变色填充指定的区域或对象；可以将常用图形创建成块，当需要这些图形时直接将其插入即可，把绘图变成了拼图。

AutoCAD 2010 提供的二维编辑功能有：删除、移动、复制、旋转、缩放、偏移、镜像、阵列、拉伸、修剪、延伸、对齐、打断、合并、倒角及创建圆角等。将绘图命令与编辑命令结合使用，可以快速、准确地绘制出各种复杂图形。

（2）创建表格

与其他文字处理软件类似，利用 AutoCAD 2010 可以直接创建或者编辑表格（如合并单元格、插入表格列或行等），还可以设置表格的样式，以便以后使用相同格式的表格。

（3）标注文字

利用 AutoCAD 2010 可以为图形标注文字，如标注说明或技术要求等；还可以设置文字样式，以便按照不同的字体、大小等要求来标注文字。

（4）标注尺寸

利用 AutoCAD 2010 可以为图形标注各种形式的尺寸或设置尺寸标注样式，以满足不同国家、不同行业对尺寸标注样式的要求；可以随时更改已有标注值或标注样式；可以实现关联标注，即将标注尺寸与被标注对象建立关联，建立关联后，当已有图形对象的大小改变时，所标注尺寸的尺寸值也会发生相应的变化。

（5）几何约束、标注约束

AutoCAD 2010 新增了几何约束、标注约束功能。利用几何约束，可以在一些对象之间建立约束关系，如垂直约束、平行约束、同心约束等，以保证图形对象之间准确的位置关系。利用标注约束，可以约束图形对象的尺寸，而且当更改约束尺寸之后，相应的图形对象也会发生变化，实现参数化绘图。

（6）三维绘图与编辑

AutoCAD 2010 允许用户创建多种形式的基本曲面模型和实体模型。其中，可创建的曲面模型包括长方体表面、棱锥面、楔体表面、球面、上半球表面、下半球表面、圆锥面、圆环面、旋转曲面、平移曲面、直纹曲面、复杂网格面等；可以创建的基本实体模型有长方体、球体、圆柱体、圆锥体、楔体、圆环体等；还可以通过拉伸、旋转、扫掠或放样的方式，通过二维对象创建实体。

AutoCAD 2010 提供了专门用于三维编辑的功能，如三维旋转、三维镜像、三维阵列；对实体模型的边、面及体进行编辑；对基本实体进行布尔操作等。通过这些编辑功能，可以由简单实体模型创建出复杂的模型或通过实体模型直接生成二维多视图等。

（7）视图显示控制

在 AutoCAD 2010 中可以方便地以多种方式放大或者缩小所绘图形或改变图形的显示位置。对于三维图形，可以改变观察视点，以便从不同角度显示图形；也可以将绘图区域分成多个视口，从而在各个视口从不同方位显示同一图形。对于曲面模型和实体模型，可以用不同的视觉样式及渲染等方式显示，还可以设置渲染时的光源、场景、材质、背景等。此外，AutoCAD 2010 还提供三维动态观察器，可以方便地观察三维图形。

（8）绘图实用工具

利用 AutoCAD 2010 可以方便地设置绘图图层、线型、线宽及颜色等。用户通过采用不同形式的绘图辅助工具设置绘图方式，以提高绘图效率与准确性。利用特性选项板，能够方便地查询或编辑所选择对象的特性，用户可以将常用的块、填充图案及表格等命名对象或AutoCAD 命令放到工具选项板，以便执行相应的操作；利用标准文件功能，可以对诸如图层、文字样式或线型之类的命名对象定义标准的设置，以保证同一单位、部门、行业以及合作伙伴在所绘图形中对这些命名对象设置的一致性；利用图层转换器，可以将当前图形图层的名称和特性转换成已有图形或标准文件对图层的设置，即将不符合本部门图层设置要求的图形进行快速转换。AutoCAD 设计中心提供了一个直观、高效并且与 Windows 资源管理器类似的工具。利用此工具，用户可以对图形文件进行浏览、查找以及管理有关设计内容等各方面的操作；还可以将其他图形或其他图形中的命名对象（如块、图层、文字样式、尺寸标注样式及表格样式等）插入到当前图形。

（9）数据库管理

在 AutoCAD 2010 中可以将图形对象与外部数据库中的数据进行关联，这些数据库是由独立于 AutoCAD 的其他数据库应用程序（如 Access、Oracle 等）建立的。

（10）Internet 功能

AutoCAD 2010 提供了强大的 Internet 工具，使用户之间能够共享资源和信息。即使用户不熟悉 HTML 代码，利用 AutoCAD 2010 的网上发布向导，也可以方便、迅速地创建格式化的Web 页。利用电子传递功能，可以将 AutoCAD 图形及其相关文件压缩成 ZIP 文件，然后将其以单个数据包的形式传送给客户、工作组成员或者其他相关人员。利用超链接功能，可以将 AutoCAD 图形对象与其他对象（例如文档、数据表格、动画、声音等）建立链接。此外，AutoCAD 2010 还提供了一种安全并且适宜在 Internet 上发布的文件格式—DWG 格式。利用 Autodesk 公司提供的 DWF 查看器（如免费的 Autodesk DWF Viewer），可以显示准确的设计信息。

（11）图形的输入/输出

用户可以将不同格式的图形导入 AutoCAD 或将 AutoCAD 图形以其他格式输出。AutoCAD 2010 允许通过绘图仪或者打印机将所绘图形以不同样式输出。利用 AutoCAD 2010 的布局功能，可以将同一三维图形设置成不同的打印设置（如不同的图纸、不同的视图配置和不同的打印比例等），以满足用户的不同需求。

（12）图纸管理

利用 AutoCAD 2010 提供的图纸集管理功能，可将多个图形文件组合成一个图纸集（即图纸的命名集合），从而合理、有效地管理图形文件。

（13）开放的体系结构

作为通用 CAD 绘图软件包，利用 AutoCAD 2010 提供的开放平台，允许用户对其进行二次开发，以满足专业设计要求。AutoCAD 2010 允许用 Visual LISP、Visual Basic、VBA 及 Visual C++等多种工具对其进行开发。

1.2　AutoCAD 2010 的新增功能

AutoCAD 2010 的新功能体现在用户界面、三维建模、参数化图形、动态块、PDF 和输出、自定义与设置等方面。现在，AutoCAD 2010 还支持三维打印。这些新功能构筑了更强大的三维设计环境，帮助用户记录、交流和探索设计创意以及实现定制化设计。下面介绍 AutoCAD 2010 几种重要的新功能。

参数化设计：通过参数化设计，用户可以为二维图形添加约束。约束是一种规则，可以决定对象彼此间的放置位置及其标注。

动态块：在动态块定义中使用几何约束和标注约束以简化动态块的创建。基于约束的控件对于插入取决于用户输入尺寸或部件号的块来说是非常理想的。

PDF 和输出：通过功能区面板的"输出为 DWF/PDF"，用户可以快速访问用于输出模型空间中的区域或将布局输出为 DWF、DWFX 或 PDF 格式文件的工具。输出时，可以使用页面设置替代和输出选项控制输出文件的外观和类型。

1.3　启动 AutoCAD 2010

启动 AutoCAD 2010 通常有以下几种方法。

1）在桌面上双击 AutoCAD 2010 的快捷方式图标。

2）在"开始"菜单的"所有程序"中找到 Autodesk 程序组，然后打开 AutoCAD 2010-Simplified Chinese，单击 AutoCAD 2010 命令，也可以启动 AutoCAD 2010，如图 1-1 所示。

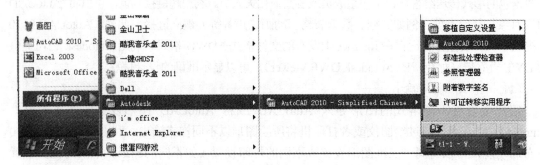

图 1-1　从"所有程序"菜单栏中启动 AutoCAD 2010 的方法

1.4　AutoCAD 2010 的窗口界面

　　启动 AutoCAD 2010 后，将出现一个主窗口，AutoCAD 2010 提供了"二维草图与注释"、"三维建模"、"AutoCAD 经典"3 种工作界面。如图 1-2 所示是 AutoCAD 2010 的"二维草图与注释"主界面。

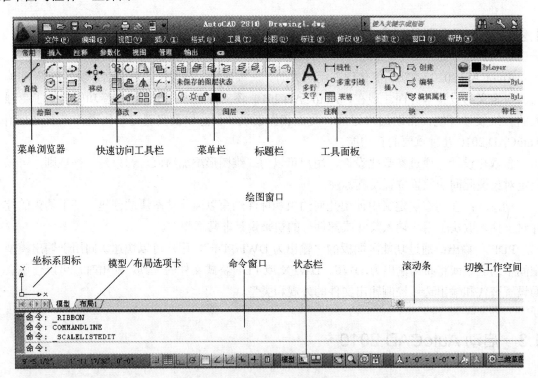

图 1-2　AutoCA4D 2010 的"二维草图与注释"主界面

　　切换工作界面的方法之一是：单击状态栏（位于绘图界面的最下面一栏右端）中的"切换工作空间"按钮，AutoCAD 会弹出对应的菜单，如图 1-3 所示，从中选出对应的绘图工作空间即可。

4

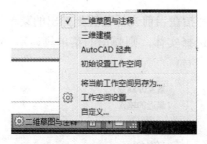

图 1-3 切换工作空间菜单

1.4.1 标题栏

主窗口的顶部是标题栏，其中显示了软件的名称，紧接着是当前打开的文件名。若刚启动 AutoCAD 2010，且没有打开任何图形文件，则显示 Drawing n（n 为自然数：1、2、3……）。标题栏左侧是 Windows 标准应用程序的控制按钮，单击此按钮，将出现一个下拉菜单。标题栏右侧有 3 个按钮，分别为：最小化按钮 ▬、最大化按钮 ▣/恢复窗口大小按钮 ▣ 和关闭按钮 ✖ 。

1.4.2 菜单栏

标题栏下面是菜单栏。单击任一主菜单，即弹出一系列子菜单。如图 1-4 所示为"绘图"菜单的子菜单。

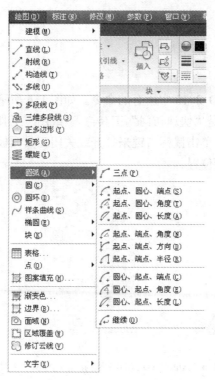

图 1-4 "绘图"菜单的子菜单

光标菜单（右键菜单）是指在当前光标位置处弹出的菜单。选择对象不同，弹出的光标菜单内容有所不同。如果未选择实体，则弹出的菜单只显示 AutoCAD 2010 的一些基本命令，如图 1-5 所示。

图 1-5　未选择实体时弹出的光标菜单

1.4.3　工具栏

工具栏包括了 AutoCAD 2010 中所有的命令。如图 1-6 所示为 AutoCAD 2010 初始界面上的 3 个工具面板，依次是"快速访问"工具栏、"绘图"工具面板和"修改"工具面板。用户可以将光标放在功能区单击鼠标右键来打开或关闭工具面板，用户还可以单击工具栏并拖动光标来调整工具面板的位置。

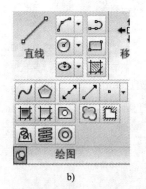

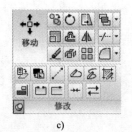

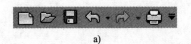

a)　　　　　　　　　　　　　　　　b)　　　　　　　　　　　　　　　c)

图 1-6　AutoCAD 2010 初始界面上的 3 个工具面板

a)"快速访问"工具栏　b)"绘图"工具面板　c)"修改"工具面板

1.4.4 绘图区

AutoCAD 2010 工作界面上最大的空白窗口即绘图区，又称为视图窗口，是用户用来绘图的地方。在 AutoCAD 2010 绘图区中有十字光标和坐标系图标。

绘图区的右边和下面分别有一个滚动条，用户可以利用它们进行视图的上下或左右的移动，便于观察图纸的任意部位。

绘图区的左下角是图纸空间（布局）和模型空间（模型）的切换按钮，用户可以在图纸空间和模型空间之间进行切换。

1.4.5 命令窗口

命令窗口在绘图区的下面，它由命令行和命令历史窗口（又称文本窗口）共同组成。命令行显示的是用户从键盘上输入的命令信息，而命令历史窗口中含有 AutoCAD 2010 启动后的所有信息，命令历史窗口和命令窗口之间的切换可以通过〈F2〉功能键进行。

绘图时，用户要注意命令行的各种提示，以便准确快捷地绘图。命令窗口的大小可由用户自己确定。将光标移到命令窗口的边框线上，按住左键上下移动光标即可。

命令窗口的位置可以移动，单击边框并拖动它，就可将它移动到任意位置。

1.4.6 状态栏

AutoCAD 2010 工作界面的底部是状态栏，显示当前十字光标的三维坐标和 AutoCAD 2010 绘图辅助工具的切换按钮。单击切换按钮，可在这些系统设置的 ON 和 OFF 状态之间切换。

1.4.7 十字光标

AutoCAD 2010 中通过十字光标显示当前点的位置与当前状态。＋为命令状态，□为选择状态，⌖为原始状态。

1.5 文件的管理

1.5.1 新建图形文件

在绘制一幅新图形之前，用户要建立一个新的图形文件。其执行方法有以下几种。

1）命令行：NEW。

2）菜单栏："文件"→"新建"。

3）"标准"工具栏："新建"按钮 ▢。

1.5.2 打开图形文件

用户如果想在已有的图形文件基础上进行有关的操作，就必须打开已有的图形文件，其操作方法通常有以下几种。

1）命令行：OPEN。

2）菜单栏："文件"→"打开"。

3）"标准"工具栏："打开"按钮。

说明：打开"选择文件"对话框，如图 1-7 所示，在"文件类型"列表框中用户可选择图形（*.dwg）、标准（*.dws）、DXF(*.dxf)、图形样板（*.dwt）等不同的文件格式。

图 1-7 "选择文件"对话框

1.5.3 保存图形文件

在 AutoCAD 2010 中，用户可以根据以下几种方法保存当前的图形文件。

1）命令行：QSAVE（或 SAVEAS）。

2）菜单栏："文件"→"保存"（或"另存为"）。

3）"标准"工具栏："保存"按钮 ▦。

1.5.4 退出图形文件

单击"菜单栏"最右边的关闭按钮 ▨ 就可以退出图形文件。

1.6 命令的输入与结束

命令的输入方法主要有 3 种。

1）命令行输入命令。

2）下拉菜单输入命令。

3）工具面板按钮输入命令。

当输入命令后，AutoCAD 2010 会出现对话框或命令行提示，在命令行提示中常会出现命令选项，例如，

命令：_arc

指定圆弧的起点或[圆心（C）]：

前面不带方括号的提示为默认选项，因此可以直接输入起点坐标；若要选择其他选项，则应先输入该选项的标识字符，如圆心选项的 C，然后按系统提示输入数据；若选项提示行的最后带有尖括号，则尖括号中的数值为默认值。

在 AutoCAD 2010 中，若一个命令执行完毕后要再次重复该命令，可在命令行中的"命令"提示下按〈Enter〉键，也可通过右键快捷菜单中的选项点取命令，重复执行该命令。

1.7　退出 AutoCAD 2010

在 AutoCAD 2010 中，用户可以根据以下几种方法退出 AutoCAD 系统。

1）命令行：QUIT。

2）菜单栏："文件"→"退出"。

3）单击屏幕左上角的"菜单浏览器" ，在其下拉菜单中单击"退出 AutoCAD"即可。

4）单击"标题栏"最右边的关闭按钮 也可以退出 AutoCAD 系统。

1.8　实训——熟悉 AutoCAD 2010 绘图软件

（1）熟悉 AutoCAD 2010 中文版绘图软件的界面。

（2）打开多个图形文件进行快速查看。

第2章 图层和对象特性

利用图层，可以在图形中对相关的对象进行分组，以便对图形进行控制与操作。也可以说图层是 AutoCAD 2010 中用户组织图形的最有效的工具之一。用颜色、线型和线宽作为图形对象的特性，以表达对象所具有的附加信息。

2.1 设置图层

2.1.1 图层概述

确定一个图形对象，除了必须给出它的几何数据以外，还要给定它的颜色、线型、线宽和状态等非几何数据，这些非几何数据称为图形的特性。一张完整的工程图纸是由许多基本的几何图形对象构成的，而其中大部分对象都会具有相同的颜色、线型、线宽和状态。如果根据图形的这些有关颜色、线型、线宽和状态等特性信息对图形对象进行分类，使具有相同性质的分在同一组，那么，就可以将对一个组所共有特性的描述，来替代这个组内每个对象的特性描述，从而大大减少重复性的工作和存储空间。这个"组"称为"图层"（LAYER）。

图层类似于透明胶片，在图层上画图就相当于在透明胶片上画图。各个图层相互之间完全对齐，即一层上的某个基准点准确无误地对齐于其他各层上的同一基准点。在各层上画完图后，把这些层对齐重叠在一起，就构成了一张整图，如图 2-1 所示。

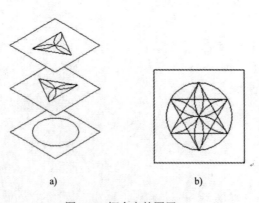

a)   b)

图 2-1　概念上的图层

2.1.2 设置图层

1. 打开"图层特性管理器"

打开"图层特性管理器" 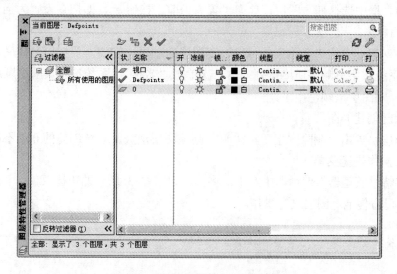 的方法如下。

1）功能区："常用"→"图层"→"图层特性"。

2）命令行：LAYER/LA。

3）菜单栏："格式"→"图层"。

系统提示如下。

命令：_layer

打开如图 2-2 所示的"图层特性管理器"对话框，在此对话框中可根据绘图需要对图层进行各种设置。

图 2-2 "图层特性管理器"对话框

2. 说明

（1）创建新图层

单击"新建图层"按钮 ，创建新图层。新图层的特性将继承 0 层特性或已选择的某一图层的特性。新图层的默认名为"图层 n"，显示在中间的图层列表中，用户可以立即更名。

（2）图层列表框

图层列表框中各选项含义如下。

◇ 名称：定义图层名。

◇ 开：有一灯泡形图标，单击此图标可打开/关闭图层，灯泡发光说明该图层打开，灯泡变暗说明该图层关闭。

◇ 冻结：有一雪花形/太阳形图标，单击此图标可冻结/解冻此图层，图标为雪花形说明该层处于冻结，图标为太阳形说明该层解冻，注意当前图层不可以被冻结。

11

◇ 锁定：有一锁形图标，单击此图标可以锁定/解锁图层，图标为打开的锁说明该图层处于解锁状态，图标为闭合的锁说明该图层被锁定。

◇ 颜色：有一色块形图标，单击此图标将弹出"选择颜色"对话框，可修改图层颜色。

◇ 线型：列出图层对应的线型名，可加载所需的线型。

◇ 线宽：列出图层对应的线宽，单击线宽值，打开"线宽"对话框，可用于修改图层的线宽。

◇ 打印样式：显示图层的打印样式。

◇ 打印：有一打印机的图标，单击它可以控制图层的打印特性，打印机上有一红色球时表明该图层不可以打印，否则可被打印。

◇ 新视口冻结：冻结新创建视口中的图层。

◇ 说明：更改整个图形中的说明。

（3）设置当前图层

从图层列表框中选择任一图层，单击"置为当前"按钮 ✔，即把它设置为当前图层。

（4）图层排序

单击图层列表框中的"名称"就可以改变图层的顺序。例如，要按层名排序，第一次单击"名称"，系统按字典顺序逆序排列；第二次单击"名称"，系统按字典顺序顺序排列。如单击"颜色"，则图层按颜色排序。

（5）删除已创建的图层

选中某图层，单击"删除图层"按钮 ✖，则该图层消失。系统创建的 0 层不能被删除。

（6）图层操作快捷菜单

在"图层特性管理器"对话框中右击，将弹出如图 2-3 所示的快捷菜单，利用此快捷菜单中的各选项可方便地对图层进行操作。

图 2-3　图层操作快捷菜单

2.2 设置线型

2.2.1 线型设置

1. 为图层设置线型

单击"图层特性管理器"按钮 图，在弹出的"图层特性管理器"对话框中，单击所选的图层特性条中的"线型"项，通过"选择线型"对话框，如图 2-4 所示，和"加载或重载线型"对话框，如图 2-5 所示，为该层设置线型。

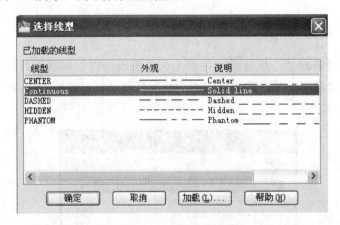

图 2-4 "选择线型"对话框

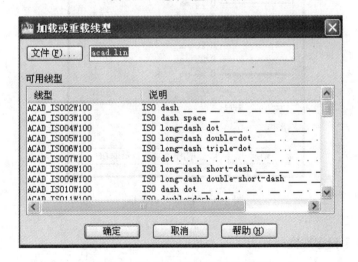

图 2-5 "加载或重载线型"对话框

2. 为图形对象设置线型

（1）修改图形对象的线型

可通过"特性"工具栏中的"线型控制"下拉列表框修改，先选中要修改线型的图形对象，然后在下拉列表框中选择某一线型，则该对象的线型就改为所选线型。

（2）为所建图形对象设置线型

用户可以通过"线型管理器"对话框为新建的图形设置线型，在"线型管理器"对话框的"线型"下拉列表框中选择一种线型，单击"当前"按钮，即可设置为当前线型。

打开"线型管理器"对话框的方法有如下几种。

1）菜单栏："格式"→"线型"。

2）在"特性"工具栏的"线型控制"下拉列表框中，单击"其他..."选项。

3）命令行：LINETYPE。

2.2.2　线宽设置

1．为图层设置线宽

单击"图层特性管理器"按钮，在弹出的"图层特性管理器"对话框中，单击所选的图层特性条中的"线宽"项，通过弹出的"线宽"对话框，如图 2-6 所示，为该图层设置线宽。

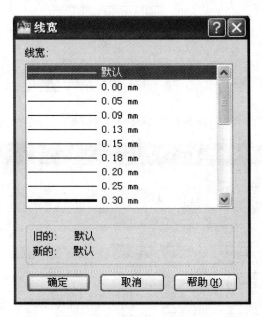

图 2-6　"线宽"对话框

2．为图形对象设置线宽

可通过"特性"工具栏中的"线宽控制"下拉列表框修改，先选中要修改线宽的图形对象，然后在下拉列表框中选择某一线宽，则该对象的线宽就改为所选线宽。

线宽设置好后，如果看不到效果，则单击命令行下面状态栏中的"显示/隐藏线宽"按钮，可以显示出已设置好的线宽。在该按钮未打开情况下，已设置好的线宽并不在屏幕中显示。

3. 利用颜色设置打印线宽

AutoCAD 系统是用颜色来控制线条宽度的，当我们需要将线条以一定的宽度输出时，只需要给它设置成某种特定的颜色就可以了，因为在打印机或者绘图仪配置中，此种颜色已经和特定的线条输出宽度关联起来了，无须在绘图时直接给出实际宽度。单从屏幕上看只有颜色各不相同，每个线条的宽度都一样。但在图纸打印输出后就能看出线条的宽度区别了。

2.3 设置颜色

1. 为图层设置颜色

在如图 2-2 所示的"图层特性管理器"对话框中，单击所选的图层特性条的颜色块，系统弹出"选择颜色"对话框，如图 2-7 所示，用户可从中选择适当的颜色作为该层的颜色。

图 2-7 "选择颜色"对话框

2. 为图形对象设置颜色

"特性"工具栏的"颜色"下拉列表框，可以用于改变图形对象的颜色或为新创建的对象设置颜色，如图 2-8 所示。

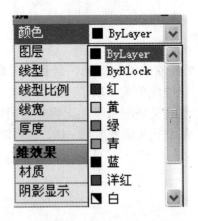

图 2-8 "颜色"下拉列表框

（1）图形对象颜色的设置

"颜色"下拉列表框的第一行通常显示当前层的颜色设置。列表框中包括"ByLayer（随层）""ByBlock（随块）"、7 种标准颜色和"选择颜色…"。单击"选择颜色…"，用户可从弹出的"选择颜色"对话框中选择所需的颜色，新选中的颜色将加载到"颜色"下拉列表框的底部。

（2）改变图形对象的颜色

应选取图形对象，然后从"颜色"下拉列表框中选择所需要的颜色。

（3）为新创建对象设置颜色

可直接从"颜色"下拉列表框中选取颜色，显示为当前颜色，系统将以此颜色绘制新创建的对象；也可以调用"COLOR"命令，在命令行输入该命令，打开"选择颜色"对话框，确定一种颜色为当前颜色。

2.4 对象的特性

2.4.1 修改对象特性

1．命令

调用"对象特性"工具栏▣的方法如下。

1）功能区："常用"→"特性"按钮。

2）菜单栏："修改"→"特性"。

3）命令行：DDMODIFY/PROPERTIES。

2．功能

修改所选对象的颜色、图层、线型、线型比例、线宽、厚度等常规特性及其几何特性。

3．格式

命令：_ddmodify

在命令行输入命令后按〈Enter〉键，或选择相应的菜单项或单击相应的工具栏图标，AutoCAD 2010 弹出相应的"特性"对话框，如图 2-9 所示，用户可根据需要进行相应的修改。

4．说明

1）选择的对象不同，对话框中显示的内容也不一样。图 2-9 为修改圆的"特性"对话框。

图 2-9　"特性"对话框

2）如果选取多个对象，则执行修改特性命令后，对话框中只显示这些对象的颜色、图层、线型、线型比例、线宽、厚度等常规特性，如图 2-10 所示，可对这些对象的常规特性进行统一修改，如文本框中的"直线（3）"表示共选择了 3 个对象，也可单击右侧箭头在下拉列表中选择某一对象，对其特性进行单独修改。

2.4.2　特性匹配

特性匹配命令是把源对象的图层、颜色、线型、线型比例、线宽和厚度等特性复制到目标对象中。

图 2-10 选取多个对象的"特性"对话框

调用"特性匹配"命令的方法如下。

1）菜单栏："修改" → "特性匹配" ⬚。

2）"标准"工具栏 → "特性匹配"按钮。

3）命令行：MATCHPROP/MA PAINTER。

系统提示如下。

命令：'_matchprop

选择源对象：

当前活动设置：颜色 图层 线型 线型比例 线宽 厚度 打印样式 标注 文字 填充图案 多段线 视口 表格材质 阴影显示 多重引线

选择目标对象或 [设置(S)]:

利用选项"设置（S）"，打开"特性设置"对话框，如图 2-11 所示，可选择复制源对象的那些特性。

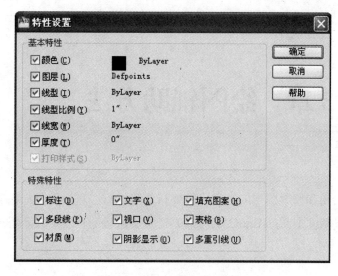

图 2-11 "特性设置"对话框

2.5 实训——图层设置

创建图层、控制图层状态、将图形对象修改到其他图层上及改变对象的颜色及线型等。

1）按表 2-1 创建图层。

2）切换到轮廓线层，单击"绘图"面板上的 ✏ 按钮，任意绘制几条直线，然后将这几条直线修改到中心线层上。

3）通过"特性"面板上的"颜色控制"下拉列表框把"尺寸标注"修改为蓝色。

4）通过"特性"面板上的"线型控制"下拉列表框将轮廓线的线型修改为 Dashed。

5）将轮廓线的线宽修改为 0.7mm。

6）关闭或冻结尺寸标注层。

表 2-1 图层设置

用　途	层　名	颜　色	线　型	线　宽
轮廓线	0	黑/白	实线	0.5
细实线	1	黑/白	实线	0.25
虚线	2	蓝	虚线	0.25
中心线	3	红	点画线	0.25
尺寸标注	4	绿	实线	0.25
文字	5	青	实线	0.25

第3章 绘图辅助方法

当我们进行绘图和修改图形的时候，需要指定坐标点。直接用鼠标在屏幕上拾取点既方便又快捷，但一般精度不高。AutoCAD 2010 提供了大量的辅助工具，用来帮助用户精确定位及辅助绘图。

3.1 系统选项设置

3.1.1 "选项"对话框的调用方法及含义

1. "选项"对话框的调用方法

调用"选项"对话框的方法如下。

1）菜单栏："工具"→"选项"。

2）命令行：OPTIONS。

3）在绘图区单击鼠标右键，在右键菜单上单击"选项"命令。

系统提示如下。

命令：_options

打开"选项"对话框，如图 3-1 所示。

2. 说明

下面简单介绍"选项"对话框中各选项卡的功能。

✧ "文件"选项卡：指定 AutoCAD 2010 搜索支持文件、驱动程序、菜单文件和其他文件的路径，还可以指定一些用户的设置，如指定用于进行拼写检查的目录等。

✧ "显示"选项卡：定义 AutoCAD 的显示特征，如设置窗口元素、布局元素；设置十字光标的十字线长短；设置显示精度、显示性能等。

✧ "打开和保存"选项卡：控制 AutoCAD 2010 中与打开和保存文件选项相关的选项，如设置保存文件时使用的有效文件格式等。

✧ "打印和发布"选项卡：控制与打印和发布相关的选项，如设置默认的打印设备等。

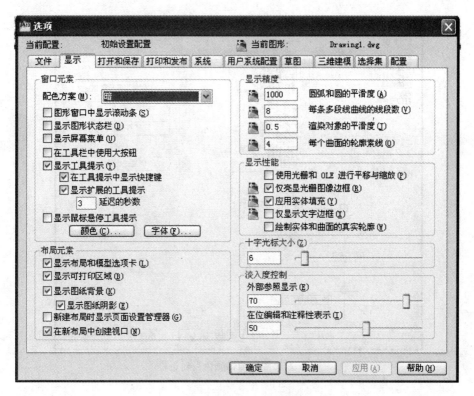

图 3-1 "选项"对话框

◇ "系统"选项卡：控制 AutoCAD 2010 的一些系统设置，如控制与三维图形显示系统的系统特性和配置相关的设置；控制与定点设备相关的选项等。

◇ "用户系统配置"选项卡：控制优化工作方式的各选项。

◇ "草图"选项卡：设置一些基本编辑选项，如自动捕捉设置、自动追踪设置等。

◇ "三维建模"选项卡：用于三维建模方面的相关设置，如光标设置、UCS 坐标设置以及模型的显示方式设置等。

◇ "选择集"选项卡：设置与选择对象相关的选项，如设置拾取框的大小，设置选择模式、夹点大小等。

◇ "配置"选项卡：用于新建系统配置，重命名系统配置，删除系统配置等操作。

3.1.2 改变绘图区的背景颜色

安装 AutoCAD 2010 后，绘图窗口的背景颜色默认为黑色，用户可以将其更改成其他颜色（如白色），具体操作如下。

单击如图 3-1 所示选项卡中的"显示"→"窗口元素"→"颜色"按钮，打开"图形窗口颜色"对话框，在对话框中的"界面元素"列表框中选择"统一背景"选项，在"颜色"下拉列表框中选择"白色"，如图 3-2 所示，单击"应用并关闭"按钮，即可将绘图窗口的背景颜色从默认的黑色改为白色。

此外，用户还可以通过"颜色选项"对话框设置 AutoCAD 工作界面中其他元素的颜色。

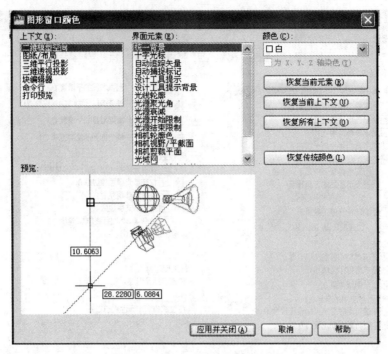

图 3-2 "图形窗口颜色"对话框

3.2 设置图形界限

通过设置图形界限，可以控制绘图的范围。图形界限的设置方式主要有两种：

1）按绘图的图幅设置图形界限。如对 A3 图幅，图形界限可以控制在 420mm×297mm 左右。

2）按物体实际大小使用绘图面积设置图形界限。这样可以按 1:1 绘图，在图形输出时可设置适当的比例系数。

设置"图形界限"的方法如下。

1）菜单栏："格式"→"图形界限"。

2）命令行：LIMITS（可透明使用）。

系统提示如下。

命令：_limits
重新设置模型空间界限：
指定左下角点或 [开(ON)/关(OFF)] <0.0000,0.0000>：（输入左下角点）
指定右上角点 <12.0000,9.0000>：（根据所选图幅输入右上角点）
命令：_zoom
指定窗口的角点，输入比例因子 (nX 或 nXP)，或[全部(A)/中心(C)/动态(D)/范围(E)/上一个(P)/比例(S)/窗口(W)/对象(O)] <实时>：all

提示中的"[开(ON)/关(OFF)]"指打开图形界限检查功能，设置为 ON 时，检查功能打开，图形超出界限时 AutoCAD 会给出提示。

3.3　设置绘图单位和精度

调用"图形单位"对话框，可以为图形规定计数单位和精度，如图 3-3 所示。

图 3-3　"图形单位"对话框

设置"绘图单位"和"精度"的方法如下。

1）菜单栏：格式→单位。

2）命令行：DDUNITS/UNITS（可透明使用）。

"图形单位"对话框中各选项含义如下。

◇ 长度类型默认设置为小数，精度为 4 位小数。

◇ 角度类型默认设置为小数，精度为 0.00。

◇ 单击"方向"按钮，弹出"方向控制"对话框，如图 3-4 所示，默认精度值为 0.00°，

图 3-4　"方向控制"对话框

方向为正东，逆时针方向为正。

3.4 辅助定位

3.4.1 捕捉和栅格功能

捕捉用于控制间隔捕捉功能，如果捕捉功能打开，光标将锁定在不可见的捕捉网格点上，做步进式移动。捕捉间距在 X 方向和 Y 方向一般相同，也可以不同。

栅格是显示可见的参照网格点。当栅格打开时，它在图形界限范围内显示出来。栅格既不是图形的一部分，也不会输出，但对绘图起着很重要的作用，如同坐标纸一样。栅格点的间距值可以和捕捉间距相同，也可以不同。

设置"捕捉和栅格"功能的方法如下。

1）菜单栏："工具"→"草图设置"。

2）命令行：DDRMODES/DSETTINGS（均可透明使用）。

单击状态栏"捕捉模式"按钮▤（或〈F9〉键）和"栅格显示"按钮▤（或〈F7〉键），即可打开或关闭其功能。

打开"草图设置"对话框，其中的"捕捉和栅格"选项卡用来对捕捉和栅格功能进行设置，如图 3-5 所示。

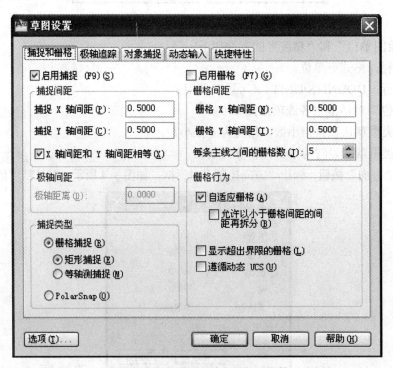

图 3-5 "草图设置"对话框中的"捕捉和栅格"选项卡

"捕捉和栅格"选项卡中各选项含义如下。

24

◇ "启用捕捉"复选框：控制是否打开捕捉功能。

◇ "捕捉间距"选项组：设置捕捉 X 轴间距和 Y 轴间距。

◇ "极轴间距"选项组：用于设置极轴距离，默认数值为 0.0000。

◇ "捕捉类型"选项组：设置为栅格捕捉类型。如果指定点，光标将沿垂直或水平栅格点进行捕捉。

◇ "矩形捕捉"单选按钮：将捕捉样式设置为标准"矩形捕捉"模式。当捕捉类型设置为"栅格捕捉"并且打开"捕捉"模式时，光标将按矩形捕捉栅格。

◇ "等轴测捕捉"单选按钮：将捕捉样式设置为"等轴测捕捉"模式。当捕捉类型设置为"栅格捕捉"并且打开"捕捉"模式时，光标将按等轴测捕捉栅格。

◇ "PolarSnap"单选按钮：如果启用了"捕捉"模式并在极轴追踪打开的情况下指定点，光标将沿在"极轴追踪"选项卡上相对于极轴追踪起点设置的极轴对齐角度进行捕捉。

◇ "启用栅格"复选框：控制是否打开栅格显示。

◇ "栅格间距"选项组：设置栅格间距。

◇ "栅格行为"选项组：用于设置栅格密度与栅格频率，还可以设置显示超出界限的栅格。

3.4.2 正交模式

正交模式限定在绘制图形时只能画水平线和垂直线。另外执行移动命令时也只能沿水平和铅垂方向移动图形对象。

打开"正交模式"的方法如下。

1）状态栏："正交模式"按钮■（或〈F8〉键）。

2）命令行：ORTHO

系统提示如下。

```
命令：_ortho
输入模式 [开(ON)/关(OFF)] <开>：
```

其中各子选项含义如下：

◇ 开（ON）：打开正交模式绘制水平或铅垂线。

◇ 关（OFF）：关闭正交模式，用户可绘制任意方向的直线。

3.4.3 极轴追踪

极轴追踪功能可以在给定的极角方向显示临时辅助线。极轴追踪的有关设置在"草图设置"对话框的"极轴追踪"选项卡中完成，如图 3-6 所示。

★ 极轴追踪操作示例。

如图 3-7 所示为极轴追踪功能，先从点 1 到点 2 画一水平线段，再从点 2 到点 3 画一条线段与之成 60° 角，这时可以打开极轴追踪功能并设极角增量为 30°，则当光标在 30° 的倍数位置附近时，AutoCAD 2010 显示一条辅助线和提示，光标远离该位置时辅助线和提示消失。

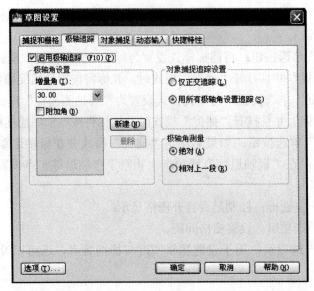

图 3-6 "草图设置"对话框中的"极轴追踪"选项卡

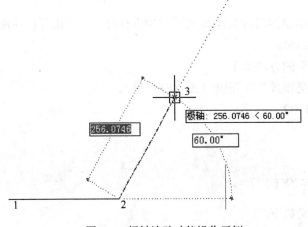

图 3-7 极轴追踪功能操作示例

3.4.4 对象捕捉

1. 设置对象捕捉模式

设置对象捕捉模式，能迅速地捕捉图形对象的端点、交点、中点、切点等特殊点的位置，从而提高绘图精度和速度。

设置"对象捕捉模式"的方法如下。

1）菜单栏："工具"→"草图设置"→"对象捕捉"。

2）状态栏："对象捕捉"按钮▣（或〈F4〉键）。

3）命令行：OSNAP（可透明使用）。

打开"草图设置"对话框的"对象捕捉"选项卡，选择常用的对象捕捉模式，将"启用对象捕捉"复选框选中，如图3-8所示。

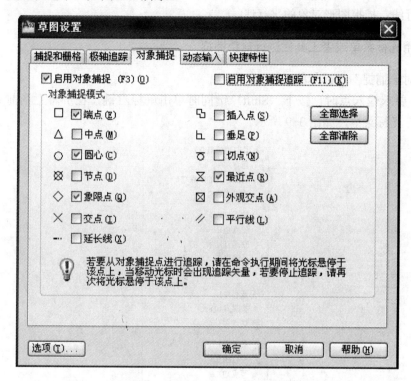

图3-8　"对象捕捉"选项卡中的"启用对象捕捉"选项

选中捕捉模式后，在绘图屏幕上，只要把光标放在对象上，即可自动捕捉到对象上的特征点，并且在每种特征点前都规定了相应的捕捉显示标记。

各捕捉模式的含义如下。

◇ 端点：捕捉直线段或者圆弧的端点，捕捉到离光标较近的端点。

◇ 中点：捕捉直线段或者圆弧的中点。

◇ 圆心：捕捉圆或者圆弧的圆心，光标放在圆周上，捕捉到圆心。

◇ 节点：捕捉到光标附近的孤立点。

◇ 象限点：相对于当前 UCS，圆周上最左、最右、最上、最下的 4 个点称为象限点，光标放在圆周上，捕捉到最近的一个象限点。

◇ 交点：捕捉两线段的显示交点和延伸交点。

◇ 延长线：当光标在一个图形对象的端点处移动时，AutoCAD 2010 显示该对象的延长线，并捕捉正在绘制的图形与该延长线的交点。

◇ 插入点：捕捉到图块、图像、文本和属性等的插入点。

◇ 垂足：当向一对象画垂线时，把光标放在对象上，可捕捉到对象上的垂足位置。

◇ 切点：当向一对象画切线时，把光标放在对象上，可捕捉到对象上的切点位置。

　最近点：当光标放在对象附近拾取，捕捉到对象上离光标中心最近的点。

◇ 外观交点：当两对象在空间交叉，而在一个平面上的投影相交时，可以从投影交点捕捉到某一对象上的点；或者捕捉两投影延伸相交时的交点。

◇ 平行线：捕捉图形对象的平行线。

2. 利用光标菜单或者工具栏进行对象捕捉

（1）"对象捕捉"光标菜单

在命令要求输入点时，按下〈Shift〉键同时单击鼠标右键，在屏幕上当前光标处出现"对象捕捉"光标菜单，如图 3-9 所示。

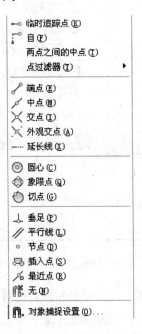

图 3-9 "对象捕捉"光标菜单

（2）"对象捕捉"工具栏

执行"工具"→"工具栏"→"AutoCAD"→"对象捕捉"命令，弹出如图 3-10 所示"对象捕捉"工具栏。

图 3-10 "对象捕捉"工具栏

3.4.5 对象捕捉追踪

对象捕捉追踪又称为自动追踪，是对象捕捉和极轴追踪的综合，对象捕捉追踪沿着对齐路径进行追踪，对齐路径是基于对象捕捉点的。已获取的点将显示一个小加号（+)，一次最多可以获取 7 个追踪点。获取点之后，当在绘图路径上移动光标时，相对于获取点的水平、垂直或极轴对齐路径将显示出来。例如，可以基于对象端点、中点或者对象的交点，沿着某个路径选择一点。

启用"对象捕捉追踪"的方法如下。

1）菜单栏："工具"→"草图设置"→"对象捕捉"。

2）命令行：OSNAP（可透明使用）。

3）状态栏："对象捕捉"按钮▨（或〈F4〉键）。

系统提示如下。

命令：_osnap

打开"草图设置"对话框的"对象捕捉"选项卡，将"启用对象捕捉"复选框选中，如图 3-11 所示。

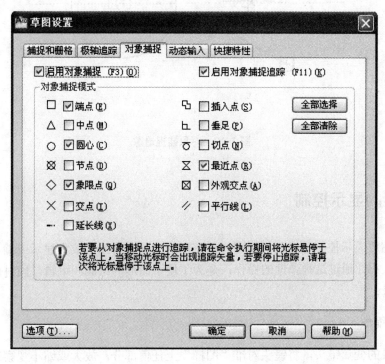

图 3-11 "对象捕捉"选项卡中的"启用对象捕捉"选项

★ 对象捕捉追踪操作示例。

已知一个圆和一条直线，当执行"LINE"命令确定直线的起始点时，利用对象捕捉追踪可以找到一些特殊点，如图 3-12 所示。

在图 3-12a 中，所捕捉到点的 X、Y 坐标分别与已有直线端点的 X 坐标和圆心的 Y 坐标相同。在图 3-12b 中，所捕捉到点的 Y 坐标与圆心的 Y 坐标相同，且位于已有直线端点的 60°方向。单击鼠标左键，即可得到对应的点。

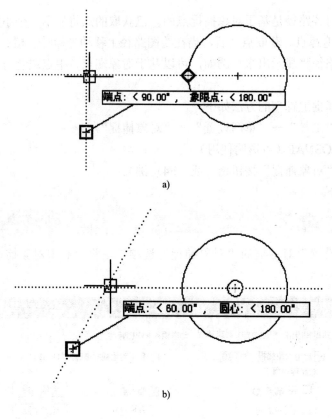

图 3-12　对象捕捉追踪

3.5　图形的显示控制

图形的缩放显示控制是绘制机械图样的有用的工具。将图形放大显示或缩小显示，并不改变图形的大小，通过这种弹性的操作，是为了便于图形的绘制和编辑，同时便于查看绘图和编辑的结果。

1. 视图缩放

如同相机的变焦镜头，将镜头对准"图样"上任何部分，放大或缩小观察对象的视觉尺寸，而其实际尺寸保持不变。

调用"视图缩放"命令的方法如下。

1）功能区："视图"→"导航"→"范围"命令。

2）菜单项："视图"→"缩放"命令。

3）命令行：ZOOM。

★ 缩放视图操作示例。

1）单击功能区"视图"→"导航"→"实时"按钮🔍，如图 3-13a 所示。此时绘图区域中的光标形状变为带有"+""-"号的🔍，在屏幕上单击同时拖动鼠标光标，垂直向上可以放大图像，向下缩小图像。当光标形状变化后亦可以旋转中间滚轮向上放大、向下缩小图像。

2）单击菜单项"视图"→"缩放"，打开命令菜单如图 3-13b 所示。单击"范围"按钮 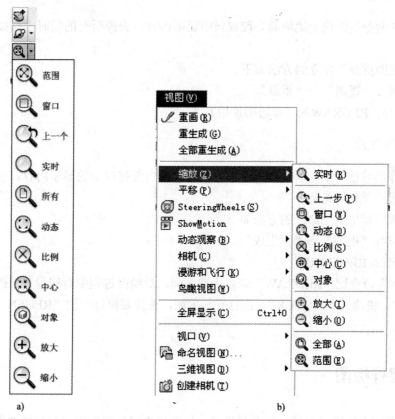，打开下拉菜单"全部(A)/中心(C)/动态(D)/范围(E)/上一个(P)/比例(S)/窗口(W)/对象(O)/实时"，用户可根据需要选择对应选项。

菜单中重要选项含义如下。

❖ 范围：按图形对象所占的范围全屏显示，而不考虑图形界限的设置。

❖ 窗口：指定一个窗口，把窗口内图形放大到全屏。

❖ 上一个：恢复前一次显示。

❖ 实时：在实时缩放时，从图形窗口当前光标点处上移光标，图形显示放大；下移光标，图形显示缩小。

❖ 所有：按图形界限显示全图。

图 3-13 "缩放"工具菜单

a) 功能区"缩放"命令　b) 菜单项"缩放"命令

❖ 比例：以屏幕中心为基准，按比例缩放。其中：

2：以图形界限为基础，放大一倍显示。

0.5：以图形界限为基础，缩小一半显示。

2×：以当前显示为基础，放大一倍显示。

0.5×：以当前显示为基础，缩小一半显示。

◇ 放大：相当于 2× 的比例缩放。

◇ 缩小：相当于 0.5× 的比例缩放。

2．视图平移

在选择"实时平移"时，光标变成一只小手，按住鼠标左键移动光标，当前视口中的图形就会随着光标的移动而移动。

调用"视图平移"命令的方法如下。

1）功能区："视图"→"导航"→"平移"按钮 🖐。

2）菜单栏："视图"→"平移"→由级联菜单列出常用操作。

3）命令行：PAN（可透明使用）。

3．视图重画

视图重画命令能够快速地刷新当前视口中显示内容，去掉所有的临时"点标记"和图形编辑残留物。

调用"视图重画"命令的方法如下。

1）菜单栏："视图"→"重画"。

2）命令行：REDRAW/R（可透明使用）。

4．视图重生成

重新计算当前视口中的所有图形对象，进而刷新当前视口中的显示内容。它将原显示不太光滑的图形重新变得光滑。

调用"视图重生成"命令的方法如下。

1）菜单栏："视图"→"重生成"。

2）命令行：REGEN/RE。

"REGEN"命令比"REDRAW"命令更费时间。对绘图过程中有些设置的改变，如填充（FILL）模式、快速文本（QTEXT）的打开与关闭，往往要执行一次"REGEN"，才能使屏幕产生变动。

3.6 创建样板图

机械制图国家标准对图纸的幅面与格式、标题栏格式等均作出了具体的要求。手工绘图时为了绘图的方便，各设计单位和企业一般会根据制图标准使用现成的图纸幅面，在图纸上印有图框线和标题栏等内容。同样，用 AutoCAD 绘制机械图时，用户也可以进行与此类似的工作。即事先设置好图纸幅面、绘制好图框线和标题栏，创建一个新的包含所需绘图环境的样板图形，这样可以避免一些重复性工作。利用 AutoCAD 的样板文件，用户就可以便捷地达到这些要求。

AutoCAD 样板文件是扩展名为.dwt 的文件，文件上通常包括一些通用图形对象，如图幅框和标题栏等。基于 AutoCAD 本身的特点，用户还可以进行更多的绘图设置，如设置绘图单位的格式、标注文字与标注尺寸时的标注样式、图层及打印设置等。

这样，不仅能够提高绘图效率，而且还保证了图形的一致性。当用户基于某一样板文件绘制新图形并以.dwg 格式（AutoCAD 图形文件格式）保存后，所绘图形对样板文件没有影响。

1. 创建样板图的方法

（1）定义样板文件

定义样板文件的方法如下。

1）菜单栏："文件"→"新建"

2）命令行：NEW。

3）"快速访问"工具栏："新建"按钮 。

输入"NEW"命令后，打开"选择样板"对话框，从中选择样板文件 acadiso.dwt 作为新绘图形的样板（acadiso.dwt 文件是一个公制样板，其有关设置接近我国的绘图标准），如图 3-14 所示。

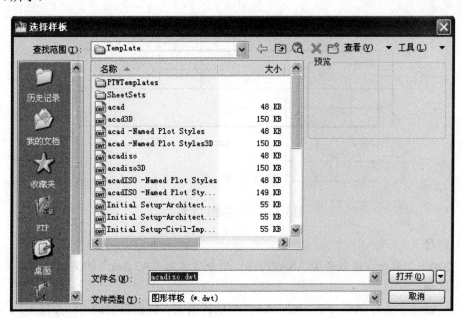

图 3-14　选择样板文件 acadiso.dwt

单击对话框中的"打开"按钮，AutoCAD 创建对应的新图形。此时就可以进行样板文件的相关设置或绘制相关图形。

（2）设置绘图单位格式和绘图范围（参见 3.3）

（3）设置图层、颜色及线型（参见 2.1、2.2、2.3）

（4）绘制图框与标题栏

图 3-15 给出了国家机械制图标准对 A3 图纸幅面及图框格式的部分规定（GB/T 14689—1993，这里只列出了需要装订线的基本幅面）。

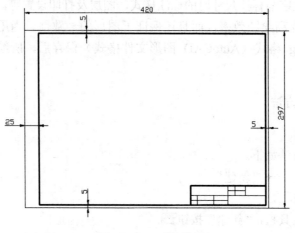

图 3-15　A3 图纸幅面

图 3-16 给出了简化标题栏的格式，用户在学习期间可根据需要进行简化绘制。

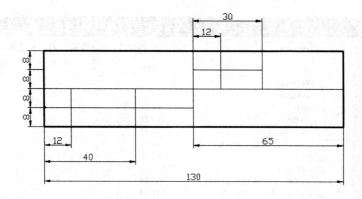

图 3-16　简化标题栏的格式

（5）存盘

用"SAVE"命令存盘或者用"SAVEAS"命令改名为"A3.dwt"的文件存盘。

（6）比例

我们可以建立 A0、A1、A2、A3、A4 图幅的样板图，根据需要调用，并按 1∶1 的比例绘图。若不用 1∶1 的比例绘图，例如要在 A4 图幅上用 1∶5 的比例绘图，则可用"SCALE"命令将整幅样板图放大 5 倍，并调整"LIMITS"范围后即可用 1∶1 的比例来绘图，画完后再用"SCALE"命令将整幅图缩小 5 倍即可达到目的。

（7）其他

今后绘制零件图等图样时，可在样板图中再增加一些图层，如放置字体的图层、标注尺寸的图层、标注技术要求的图层及绘制剖面符号的图层等，还需设置好字体、字形和有关的尺寸变量值等。

2. 打开样板图形

打开"样板图"的方法如下。

1）菜单栏："文件"→"打开"。

2）命令行：OPEN。

3）"快速访问"工具栏："打开"按钮 。

输入"OPEN"命令后，打开"选择样板"对话框，从中选择样板文件"A3.dwt"作为新绘图形的样板，如图 3-17 所示。

图 3-17　打开"A3.dwt"样板图

单击对话框中的"打开"按钮，即为 A3 图幅的样板图，如图 3-15 所示。用户就可以在 A3 图幅下编辑需要的图形文件，并可以用"*.dwg"的形式保存该图形文件。

3.7　实训——绘制样板图

创建及存储图形文件、新建图层、熟悉 AutoCAD 命令执行过程及快速查看图形等。

1）利用 AutoCAD 提供的样板文件"acadiso.dwt"创建新文件。

2）进入"AutoCAD 经典"工作空间，用"LIMITS"命令设定绘图区域的大小为 1000×1000。

3）单击状态栏上的▦按钮，再选择菜单命令"视图"→"缩放"→"范围"，使栅格充满整个图形窗口。

4）创建以下图层。

名称	颜色	线型	线宽
轮廓线	白色	Continuous	0.70
中心线	红色	Center	0.35
虚线	蓝色	Dashed	0.35
尺寸线	绿色	Continuous	0.35

5）切换到中心线层，单击"绘图"面板上的⊘按钮，任意绘制一个圆，然后将这个圆修改到轮廓线层上。

6）利用"特性"面板上的"线型控制"下拉列表将线型全局比例因子修改为2。

7）单击"标准"工具栏上的🔍按钮使图形充满整个绘图窗口。

8）单击"标准"工具栏上的🖐和🔍按钮来移动和缩放图形。

9）以文件名"User_2.dwg"保存图形。

第 4 章 AutoCAD 2010 基本绘图命令

在 AutoCAD 2010 中，使用"绘图"菜单中的命令，可以绘制点、直线、圆、圆弧、多边形和圆环等简单二维图形。二维图形对象是整个 AutoCAD 的绘图基础，因此要熟练地掌握它们的绘制方法和技巧，才能绘制出各种复杂的图形对象。

4.1 数据的输入方法

4.1.1 点的输入方法

点是组成图形的最基本元素，通常用来作为对象捕捉的参考点。AutoCAD 2010 提供了多种形式的点，包括单点、多点、定数等分点和定距等分点 4 种类型。

1. 设置点的样式

在 AutoCAD 中，系统默认情况下绘制的点显示为一个小黑点，不便于用户观察。因此，在绘制点之前一般要设置点样式，使其清晰可见。

单击菜单栏"格式"→"点样式"命令，或在命令行中执行"DDPTYPE"命令，系统弹出"点样式"对话框，如图 4-1 所示。

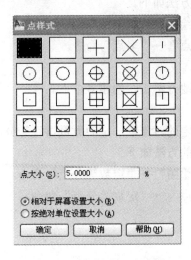

图 4-1 "点样式"对话框

"点样式"对话框各选项功能如下。

◇ 点样式：提供了 20 种样式，可以从中任选一种。

◇ 点大小：确定所选点的大小尺寸。

◇ 相对于屏幕设置大小：即点的尺寸是随绘图区的变化而改变。

◇ 按绝对单位设置大小：即点的尺寸大小不变。

用户可根据需要设置点样式，单击"确定"按钮完成设置。

2. 绘制单点与多点

在功能区调用绘制点命令如图 4-2 所示，在菜单栏调用绘制点命令如图 4-3 所示。

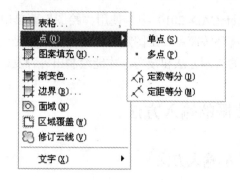

图 4-2　在功能区调用绘制点命令　　　　图 4-3　在菜单栏调用绘制点命令

（1）绘制单点

调用"绘制单点"命令的方法如下。

1）菜单项："绘图" → "点" → "单点"命令。

2）命令行：POINT/PO。

移动鼠标到合适的位置单击，放置单点。

（2）绘制多点

调用"绘制多点"命令的方法如下。

1）功能区："常用" → "绘图" → "多点"命令。

2）菜单项："绘图" → "点" → "多点"命令。

3）命令行：POINT。

移动鼠标在需要添加点的地方单击，创建多个点。

（3）绘制定数等分点

绘制定数等分点就是将指定的对象以一定的数量进行等分。

调用"定数等分点"命令的方法如下。

1）功能区："常用" → "绘图" → "定数等分点"命令。

2）菜单项："绘图" → "点" → "定数等分点"命令。

3）命令行：DIVIDE。

系统提示如下。

命令：_divide

选择要定数等分的对象:（选择要定数等分的对象）

输入线段数目或[块(B)]:（输入等分数目或选项）

★ 定数等分点操作示例。

1）将如图 4-4a 所示的曲线进行 8 等分。

单击功能区："常用"→"绘图"→"定数等分点"命令。

命令：_divide

选择要定数等分的对象:（选择需要等分的曲线）

输入线段数目或 [块(B)]: 8 （输入等分数目）

按〈Enter〉键结束。

绘制结果如图 4-4b 所示，曲线段被 8 等分。

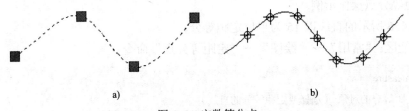

a)   b)

图 4-4　定数等分点

a) 选择需要等分的曲线段　b) 曲线段被 8 等分

2）如果在"指定线段长度或[块（B）]:"提示下选择 B 选项，则可以沿选定对象及指定的等分数等间距放置块。

单击功能区："常用"→"绘图"→"定数等分点"命令。

命令：_divide

选择要定数等分的对象：（选择需要等分的曲线）

输入线段数目或 [块(B)]: b（输入块选项）

输入要插入的块名：块 B（输入事先创建的名为"块 B"的块）

是否对齐块和对象？[是(Y)/否(N)] <Y>:(按〈Enter〉键选择"Y"）

输入线段数目：8（输入等分数目）

曲线上被放置了 7 个块，分为 8 个等分，如图 4-5 所示。

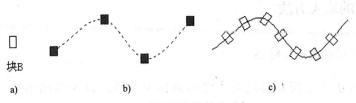

块B

a)   b)   c)

图 4-5　使用块定数等分对象

a) 创建"块 B"　b) 选择需要等分的曲线　c) 放置"块 B"

（4）绘制定距等分点

绘制定距等分点是将指定对象按确定的长度进行等分。与定数等分不同的是：因为等分后的子线段数目是线段总长除以等分距，所以由于等分距的不确定性，定距等分后可能会出现剩余线段。

调用"定距等分点"命令的方法如下。

1）功能区："常用"→"绘图"→"定距等分点"命令。

2）菜单项："绘图"→"点"→"定距等分点"命令。

3）命令行：MEASURE。

系统提示如下。

命令：_measure

选择要定距等分的对象：（选择要定距等分的对象）

指定线段长度或 [块(B)]：（指定线段长度或选项）

★ 定距等分点操作示例。

将如图 4-6 所示的直线以 15 为单位定距等分。

单击功能区："常用"→"绘图"→"定距等分点"命令。

命令：_measure

选择要定距等分的对象：（选择要定距等分的直线）

指定线段长度或 [块(B)]：15（输入等分长度）

按〈Enter〉键结束。

绘制结果如图 4-6 所示。

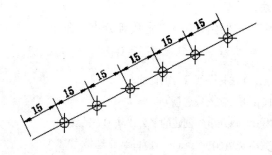

图 4-6　定距等分点等分对象

4.1.2　距离值的输入方法

1. 世界坐标系和用户坐标系

在绘图过程中常常需要通过某个坐标系作为参照，以便精确地定位对象的位置。AutoCAD 的坐标系包括世界坐标系（WCS）和用户坐标系（UCS）。掌握坐标系统的输入方法，可以加快图形的绘制。

（1）世界坐标系统

世界坐标系统（World Coordinate System，WCS）是 AutoCAD 的基本坐标系统。它由 3 个相互垂直的坐标轴 X、Y 和 Z 组成，在绘制和编辑图形的过程中，它的坐标原点和坐标轴的方向是不变的。

（2）用户坐标系统

为了更好地辅助绘图，经常需要修改坐标系的原点位置和坐标方向，这时就需要使用可变的用户坐标系统（User Coordinate System，UCS）。在默认情况下，用户坐标系统和世界坐标系统重合，用户可以在绘图过程中根据具体需要来定义 UCS。

2. 坐标输入方法

在绘制机械图样时，如何精确地输入点的坐标是绘图的关键。在 AutoCAD 中，点的坐标通常可采用直角坐标和极坐标方式进行输入，下面分别进行说明。

（1）直角坐标

直角坐标是通过 X 坐标和 Y 坐标来定义的，其中又分绝对直角坐标和相对直角坐标。

1）绝对直角坐标。

绝对直角坐标输入方法是以原点（0,0,0）为基点来定位所有的点。AutoCAD 默认原点位于绘图区的左下角。在绝对直角坐标中，X 轴、Y 轴和 Z 轴在原点（0,0,0）位置相交。在绘制二维图形时，只需要 X、Y 坐标（中间用逗号隔开），绘制三维图形时则输入 X、Y、Z 坐标。如图 4-7a 所示的 A、B 两点坐标均为绝对直角坐标，它们的坐标值都是相对于坐标原点的。

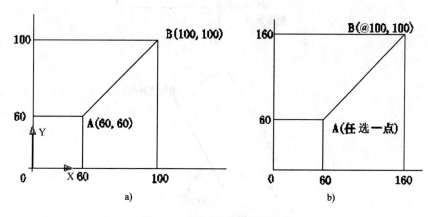

图 4-7 直角坐标法输入数据

a) 绝对直角坐标　b) 相对直角坐标

2）相对直角坐标。

在实际绘图过程中，使用绝对直角坐标并不方便。图形对象的定位通常是通过相对位置确定的，第一点的位置并不重要，而每一点相对于前一个点的坐标位置却是需要非常精确的。

用户可以用（@x,y）的方式输入相对直角坐标。如图 4-7b 所示的 B 点相对于 A 点的坐标为（@100,100），而它的绝对坐标值却是（160,160）。

（2）极坐标

极坐标是通过相对于极点的距离和角度来定义的。AutoCAD 以逆时针来测量角度，水平向右为 0°（或 360°）方向，90°方向垂直向上，180°方向水平向左，270°方向垂直向下，其中又分绝对极坐标和相对极坐标。

1）绝对极坐标。

绝对极坐标以原点为极点，通过极半径和极角来确定点位置。极半径是指该点与原点间的距离，极角是该点与极点连线 X 轴正方向的夹角，逆时针方向为正，用户可以用"极半径<极角"的方式来输入绝对极坐标，如图 4-8a 所示。

2）相对极坐标。

相对极坐标以某一特定点为极点，通过相对的极长距离和偏移角度来确定绘制点的位置。相对极坐标是以上一个操作点为极点，而不是以原点为极点。通常用"@极半径<极角"的形式来表示相对极坐标，如图 4-8b 所示。

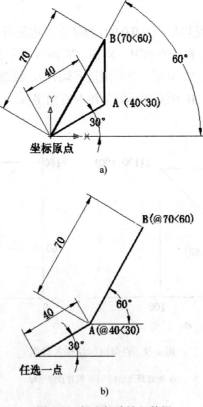

图 4-8　极坐标法输入数据

a) 绝对极坐标　b) 相对极坐标

4.2 绘制直线

直线对象可以是一条线段，也可以是一系列的线段，但每条线段都是独立的直线对象。直线的绘制是通过确定直线的起点和终点完成的。

调用"直线"命令的方法如下。

1）功能区："常用"→"绘图"→"直线"命令。

2）菜单项："绘图"→"直线"命令。

3）命令行：LINE/L。

系统提示如下。

> 命令：_line
>
> 指定第一点：（指定直线的第1个端点）
>
> 指定下一点或 [放弃(U)]：（指定直线的第2个端点）
>
> 指定下一点或 [放弃(U)]： （指定直线的第3个端点）

按〈Enter〉键结束绘制或继续绘制。

★ 绘制直线示例。

绘制如图4-9所示的图形。其绘制过程如下。

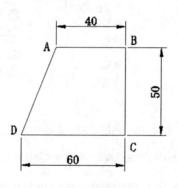

图4-9　绘制直线命令

单击菜单项："绘图"→"直线"命令 ✐。

> 命令：_line
>
> 指定第一点：（任选一点A）
>
> 指定下一点或 [放弃(U)]：40（将鼠标放到A点的右方，输入距离值得到B点）
>
> 指定下一点或 [放弃(U)]：50（将鼠标放到B点的下方，输入距离值得到C点）
>
> 指定下一点或 [闭合(C)/放弃(U)]：60（将鼠标放到C点的左方，输入距离值得到D点）
>
> 指定下一点或 [闭合(C)/放弃(U)]：（捕捉A点封闭图形）

按〈Enter〉键结束绘制。

4.3 绘制圆

圆在机械工程图样中应用广泛，常用来表示柱、孔、轴等基本构件。

调用"圆"命令的方法如下。

1）功能区："常用" → "绘图" → "圆"命令。

2）菜单栏："绘图" → "圆"命令。

3）命令行：CIRCLE/C。

调用"圆"命令的方法如图 4-10 所示。

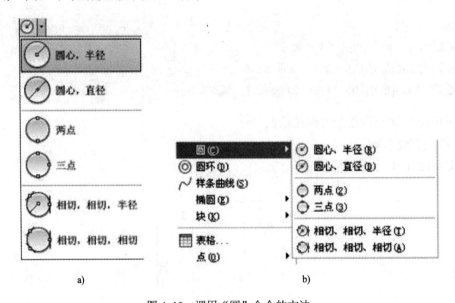

a)   b)

图 4-10　调用"圆"命令的方法

a) 功能区的绘制圆命令　b) 菜单栏的绘制圆命令

绘制圆命令中共有 6 种子命令，下面将对其逐一进行说明。

4.3.1　指定圆心、半径绘制圆

系统默认的画圆方法为指定圆心和半径方式。命令执行过程如下。

单击菜单项："绘图" → "圆" → "圆心、半径"命令 ⊘。

命令：_circle

指定圆的圆心或 [三点(3P)/两点(2P)/切点、切点、半径(T)]：（指定圆心 O）

指定圆的半径或 [直径(D)] <0.0000>:20（输入半径值）

绘制结果如图 4-11a 所示。

4.3.2 指定圆上的三点绘制圆

单击菜单项："绘图"→"圆"→"三点"命令⊙。

命令：_circle
指定圆的圆心或 [三点(3P)/两点(2P)/切点、切点、半径(T)]：_3p（选择三点方式）
指定圆上的第一个点:（捕捉 A 点）
指定圆上的第二个点:（捕捉 B 点）
指定圆上的第三个点:（捕捉 C 点）

绘制结果如图 4-11b 所示。

4.3.3 指定圆心、直径方式绘制圆

单击菜单项："绘图"→"圆"→"圆心、直径"命令⊘。

命令：_circle
指定圆的圆心或 [三点(3P)/两点(2P)/切点、切点、半径(T)]:（指定圆心 O）
指定圆的半径或 [直径(D)]：_d （选择直径方式）
指定圆的直径 <当前>:40（输入直径值）

绘制结果如图 4-11c 所示。

4.3.4 指定相切、相切、半径方式绘制圆

单击菜单项："绘图"→"圆"→"相切、相切、半径"命令⊙。

命令：_circle
指定圆的圆心或 [三点(3P)/两点(2P)/切点、切点、半径(T)]：_ttr（选择相切、相切、半径方式）
指定对象与圆的第一个切点:（捕捉左边圆的切点 D）
指定对象与圆的第二个切点: （捕捉右边圆的切点 E）
指定圆的半径 <当前>:15（输入圆的半径）

绘制结果如图 4-11d 所示。

4.3.5 指定相切、相切、相切方式绘制圆

单击菜单项："绘图"→"圆"→"相切、相切、相切"命令⊙。

命令：_circle
指定圆的圆心或 [三点(3P)/两点(2P)/切点、切点、半径(T)]：_3p
指定圆上的第一个点:_tan 到（捕捉三角形上的第 1 个切点 A）
指定圆上的第二个点:_tan 到（捕捉三角形上的第 2 个切点 B）

绘制结果如图 4-11e 所示。

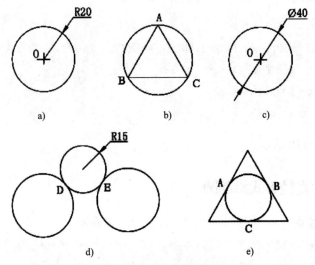

图 4-11　绘制圆命令

a) 圆心、半径方式　b) 三点方式　c) 圆心、直径方式　d) 相切、相切、半径方式　e) 相切、相切、相切方式

4.4　绘制构造线和射线

构造线又叫参照线，是向两个方向无限延长的直线。没有起点和终点，可以放置在三维空间的任何地方，主要用于绘制辅助线。

调用"构造线"命令的方法如下。

1）功能区："常用"→"绘图"→"构造线"命令。

2）菜单项："绘图"→"构造线"命令。

3）命令行：XLINE/XL。

系统提示如下。

命令：_xline
指定点或 [水平(H)/垂直(V)/角度(A)/二等分(B)/偏移(O)]:

绘制构造线命令中共有 6 种子命令，下面将对其逐一进行说明。

4.4.1　绘制构造线

1. 指定两点画线

该选项为默认项，可画一条或一组穿过起点和通过各点的无穷长直线。

操作格式如下。

单击菜单项："绘图"→"构造线"命令↗。

命令：_xline
指定点或[水平(H)/垂直(V)/角度(A)/二等分(B)/偏移(O)]：（指定起点）
指定通过点：（指定通过点，画出一条线）
指定通过点：（指定通过点，再画一条线或按〈Enter〉键结束）

绘制结果如图 4-12a 所示。

2．绘制水平构造线

该选项可以绘制一条或一组通过指定点并平行于 X 轴的构造线。
操作格式如下。
单击菜单项："绘图"→"构造线"命令↗。

命令：_xline
指定点或[水平(H)/垂直(V)/角度(A)/二等分(B)/偏移(O)]：h（输入 h，选择水平选项）
指定通过点：（指定通过点后画出一条水平线）
指定通过点：（指定通过点再画出一条水平线或按〈Enter〉键结束命令）

绘制结果如图 4-12b 所示。

3．绘制垂直构造线

该选项可以绘制一条或一组通过指定点并平行于 Y 轴的构造线。
操作格式如下。
单击菜单项："绘图"→"构造线"命令↗。

命令：_xline
指定点或[水平(H)/垂直(V)/角度(A)/二等分(B)/偏移(O)]：v（输入 v,选择垂直选项）
指定通过点：（指定通过点画出一条铅垂线）
指定通过点：（指定通过点再画出一条铅垂线或按〈Enter〉键结束命令）

绘制结果如图 4-12c 所示。

4．绘制构造线的平行线

该选项可以绘制与所选直线平行的构造线。
操作格式如下。
单击菜单项，"绘图"→"构造线"命令↗。

命令：_xline
指定点或[水平(H)/垂直(V)/角度(A)/二等分(B)/偏移(O)]：o（输入 o,选择偏移选项）
指定偏移距离或[通过(T)]〈20〉：（输入偏移距离）
选择直线对象：（选取一条构造线）

绘制结果如图 4-12d 所示。

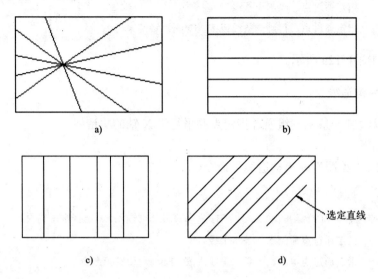

a)　　　　　　　　　　　　　　　b)

c)　　　　　　　　　　　　　　　d)

图 4-12　构造线的各种命令

a) 指定两点绘制构造线　b) 绘制水平构造线　c) 绘制垂直构造线　d) 绘制构造线的平行线

4.4.2　绘制射线

射线是一条只有一个端点，另一端无限延伸的直线。在 AutoCAD 中可作为辅助线来使用。

调用"射线"命令的方法如下。

1）功能区："常用"→"绘图"→"射线"命令 ✐。

2）菜单项："绘图"→"射线"命令。

3）命令行：RAY。

系统提示如下。

4.5　绘制多段线

多段线又称为多义线，是 AutoCAD 中常用的一类复合图形对象。用来绘制指定宽度的直线、弧等线条，各段线宽可以相同，也可以不同。多段线提供单个直线所不具备的编辑功能。例如：可以调整多段线的宽度和圆弧的曲率，也可以将多段线进行分解等。

调用"多段线"命令的方法如下。

1）功能区："常用"→"绘图"→"多段线"命令。

2）菜单项："绘图"→"多段线"命令。

3）命令行：PLINE/PL。

系统提示如下。

命令：_pline

指定起点：（指定多段线的起始点）

当前线宽为 0（提示当前线宽是 0）

指定下一个点或[圆弧(A)/半宽(H)/长度(L)/放弃(U)/宽度(W)]：（指定下一点或选项）

多段线命令中各选项的功能如下。

1）圆弧(A)——将画线方式转化为画弧方式，将弧线段添加到多段线中。每输入一个终点的坐标，都会画出一个与前一个圆弧相切的圆。

操作格式如下。

单击功能区："常用"→"绘图"→"多段线"命令。

命令：_pline

指定起点：（指定多段线的起始点）

当前线宽为 0.0000（默认线宽）

指定下一个点或 [圆弧(A)/半宽(H)/长度(L)/放弃(U)/宽度(W)]：a（输入圆弧 A 选项）

指定圆弧的端点或

[角度(A)/圆心(CE)/闭合(CL)/方向(D)/半宽(H)/直线(L)/半径(R)/第二个点(S)/放弃(U)/宽度(W)]：（根据绘图需要选择各选项）

2）半宽（H）——设置多段线的半宽，即宽度的一半，可以输入不同的起始半宽度和终止半宽度。

操作格式如下。

单击功能区："常用"→"绘图"→"多段线"命令。

命令：_pline

指定起点：（指定多段线的起始点）

当前线宽为 0.0000（默认线宽）

指定下一个点或 [圆弧(Λ)/半宽(H)/长度(L)/放弃(U)/宽度(W)]：h（输入半宽 H 选项）

指定起点半宽 <0.0000>：（输入起点半宽值）

指定端点半宽 <0.0000>：（输入端点半宽值）

指定下一个点或 [圆弧(A)/半宽(H)/长度(L)/放弃(U)/宽度(W)]：（指定多段线的下一个端点或选项）

指定下一个点或 [圆弧(A)/半宽(H)/长度(L)/放弃(U)/宽度(W)]：（指定多段线的下一个端点或选项，按〈Enter〉键结束绘制）

3）长度（L）——在与前一段相同的角度方向上绘制指定长度的直线段。

操作格式如下。

单击功能区："常用"→"绘图"→"多段线"命令。

命令：_pline

指定起点：（指定多段线的起始点）

当前线宽为 0.0000（默认线宽）

指定下一个点或 [圆弧(A)/半宽(H)/长度(L)/放弃(U)/宽度(W)]：l（输入长度 L 选项）

指定直线的长度:（输入直线的长度）

指定下一点或 [圆弧(A)/闭合(C)/半宽(H)/长度(L)/放弃(U)/宽度(W)]：（指定下一点或选项）

指定下一点或 [圆弧(A)/闭合(C)/半宽(H)/长度(L)/放弃(U)/宽度(W)]：（指定下一点或选项，按〈Enter〉
键结束绘制）

4）放弃（U）——在执行多段线命令过程中，将刚画的一段或几段线取消。

5）宽度（W）——设置多段线的宽度，可以输入不同的起始宽度和终止宽度。

操作格式如下。

单击功能区："常用"→"绘图"→"多段线"命令。

命令：_pline

指定起点：（指定多段线的起始点）

当前线宽为 0.0000（默认线宽）

指定下一个点或 [圆弧(A)/半宽(H)/长度(L)/放弃(U)/宽度(W)]：w（输入宽度 W 选项）

指定起点宽度 <0.0000>：(输入起点宽度)

指定端点宽度 <0.0000>:（输入端点宽度）

指定下一个点或 [圆弧(A)/半宽(H)/长度(L)/放弃(U)/宽度(W)]：（指定直线的下一个点或选项）

指定下一点或 [圆弧(A)/闭合(C)/半宽(H)/长度(L)/放弃(U)/宽度(W)]：（指定直线的下一个点或选项，按
〈Enter〉键结束绘制）

6）封闭（C）——当绘制两条以上的直线段或圆弧段以后，此选项可以封闭多段线。

★ 多段线操作示例。

1. 用多段线绘制箭头符号

单击功能区："常用"→"绘图"→"多段线"命令。

命令：_pline

指定起点:（拾取 A 点）

当前线宽为 0.0000（默认线宽）

指定下一个点或 [圆弧(A)/半宽(H)/长度(L)/放弃(U)/宽度(W)]：w（选择指定线宽方式）

指定起点宽度 <0.0000>：2（输入起始宽度值）

指定端点宽度 <2.0000>:2（输入终止宽度值）

指定下一个点或 [圆弧(A)/半宽(H)/长度(L)/放弃(U)/宽度(W)]：（指定 B 点）

指定下一点或 [圆弧(A)/闭合(C)/半宽(H)/长度(L)/放弃(U)/宽度(W)]：w（选择指定线宽方式）

指定起点宽度 <2.0000>：5（输入起始宽度值）

指定端点宽度 <5.0000>：0（输入终止宽度值）

指定下一点或 [圆弧(A)/闭合(C)/半宽(H)/长度(L)/放弃(U)/宽度(W)]：（指定 C 点）

指定下一点或 [圆弧(A)/闭合(C)/半宽(H)/长度(L)/放弃(U)/宽度(W)]：（按〈Enter〉键结束绘制）

执行结果如图 4-13a 所示。

2. 用多段线绘制键槽

单击功能区："常用" → "绘图" → "多段线"命令 。

命令：_pline

指定起点:（任意拾取一点 A）

当前线宽为 0.0000（默认线宽）

指定下一个点或 [圆弧(A)/半宽(H)/长度(L)/放弃(U)/宽度(W)]：60（鼠标向右，确认已显示水平追踪线，输入长度值得 B 点）

指定下一点或 [圆弧(A)/闭合(C)/半宽(H)/长度(L)/放弃(U)/宽度(W)]：a（选择圆弧方式）

指定圆弧的端点或

[角度(A)/圆心(CE)/闭合(CL)/方向(D)/半宽(H)/直线(L)/半径(R)/第二个点(S)/放弃(U)/宽度(W)]：30（鼠标向下，确认已显示竖直追踪线，输入圆弧端点值，得 C 点）

指定圆弧的端点或

[角度(A)/圆心(CE)/闭合(CL)/方向(D)/半宽(H)/直线(L)/半径(R)/第二个点(S)/放弃(U)/宽度(W)]：l（选择直线方式）

指定下一点或 [圆弧(A)/闭合(C)/半宽(H)/长度(L)/放弃(U)/宽度(W)]：60（鼠标向左，确认已显示水平追踪线，输入长度值得 D 点）

指定下一点或 [圆弧(A)/闭合(C)/半宽(H)/长度(L)/放弃(U)/宽度(W)]：a（选择圆弧方式）

指定圆弧的端点或

[角度(A)/圆心(CE)/闭合(CL)/方向(D)/半宽(H)/直线(L)/半径(R)/第二个点(S)/放弃(U)/宽度(W)]:cl(选择闭合多段线，结束命令)

执行结果如图 4-13b 所示。

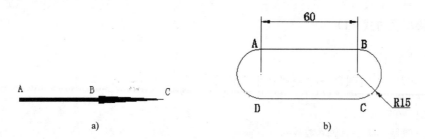

图 4-13　绘制多段线

a) 绘制箭头　b) 绘制键槽

4.6　绘制正多边形

正多边形是机械图样中较常见的图形，利用 AutoCAD 2010 中文版中绘制"正多边形"命令可以很方便地绘制边数在 3～1024 的任意正多边形。

调用"正多边形"命令的方法如下。

1）功能区："常用"→"绘图"→"正多边形"命令⬠。

2）菜单项："绘图"→"正多边形"命令。

3）命令行：POLYGON/POL。

系统提示如下。

命令：_polygon

输入边的数目 <4>:（输入边数）

指定正多边形的中心点或 [边(E)]:（指定正多边形的中心点或边）

输入选项 [内接于圆(I)/外切于圆(C)] <I>:（输入选项）

指定圆的半径:（指定圆的半径）

多边形命令中各选项的功能如下。

1. 边长方式（E）

操作格式如下。

单击菜单项："绘图"→"正多边形"命令⬠。

命令：_polygon

输入边的数目〈4〉：（输入边数）

指定正多边形的中心点或[边(E)]: e（输入"E"）

指定边的第一个端点：（输入边的第 1 个端点，如图 4-14a 中的 1 点）

指定边的第二个端点：（输入边的第 2 个端点，如图 4-14a 中的 2 点）

绘制结果如图 4-14a 所示。

2. 内接于圆方式（I）

操作格式如下。

单击菜单项："绘图"→"正多边形"命令⬠。

命令：_polygon

输入边的数目〈4〉：（输入边数）

指定正多边形的中心点或[边(E)]:（指定正多边形的中心点）

输入选项[内接于圆(I)/外切于圆(C)]〈I〉：（按〈Enter〉键，选择默认内接于圆方式）

指定圆的半径：（输入圆的半径）

绘制结果如图4-14b所示。

3. 外切于圆方式（C）

操作格式如下。

单击菜单项："绘图"→"正多边形"命令〇。

命令：_polygon
输入边的数目〈4〉：（输入边数）
指定正多边形的中心点或[边(E)]：（指定正多边形的中心点）
输入选项[内接于圆(I)/外切于圆(C)]〈I〉：c（输入c，选择外切于圆方式）
指定圆的半径：（输入圆的半径）

绘制结果如图4-14c所示。

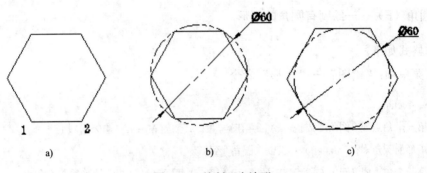

a)   b)   c)

图4-14 绘制正多边形

a) 边长方式绘制正六边形   b) 内接于圆方式绘制正六边形   c) 外切于圆方式绘制正六边形

4.7 绘制矩形

调用"矩形"命令的方法如下。

1）功能区："常用"→"绘图"→"矩形"命令▢。
2）菜单项："绘图"→"矩形"命令。
3）命令行：RECTANG/REC。
系统提示如下。

命令：_rectang
指定第一个角点或 [倒角(C)/标高(E)/圆角(F)/厚度(T)/宽度(W)]：（指定矩形第1个对角点）
指定另一个角点或 [面积(A)/尺寸(D)/旋转(R)]：（指定矩形第2个对角点）

矩形绘制完成。

矩形命令中各选项功能如下。

1. 倒角（C）——绘制有倒角的矩形

操作格式如下。

单击菜单项："绘图"→"矩形"命令□。

命令：_rectang

指定第一个角点或[倒角(C)/标高(E)/圆角(F)/厚度(T)/宽度(W)]：c（输入选项 C）

指定矩形的第一个倒角距离〈0.00〉：2（输入第 1 个倒角距离）

指定矩形的另一个倒角距离〈0.00〉：2（输入第 2 个倒角距离）

指定第一个角点或[倒角(C)/标高(E)/圆角(F)/厚度(T)/宽度(W)]：（指定矩形第 1 个角点）

指定另一个角点或[面积(A)/尺寸(D)/旋转(R)]：（指定矩形另一个角点）

绘制结果如图 4-15a 所示。

2. 圆角（F）——绘制有圆角的矩形

操作格式如下。

单击菜单项："绘图"→"矩形"命令□。

命令：_rectang

指定第一个角点或 [倒角(C)/标高(E)/圆角(F)/厚度(T)/宽度(W)]：f（输入选项 F）

指定矩形的圆角半径 <0.0000>：3(输入圆角半径)

指定第一个角点或 [倒角(C)/标高(E)/圆角(F)/厚度(T)/宽度(W)]：（指定矩形第 1 个角点）

指定另一个角点或 [面积(A)/尺寸(D)/旋转(R)]：（指定矩形另一个角点）

绘制结果如图 4-15b 所示。

3. 面积（A）——根据面积绘制矩形

操作格式如下。

单击菜单项："绘图"→"矩形"命令□。

命令：_rectang

指定第一个角点或 [倒角(C)/标高(E)/圆角(F)/厚度(T)/宽度(W)]：（指定第 1 个角点）

指定另一个角点或 [面积(A)/尺寸(D)/旋转(R)]：a（输入选项 A）

输入以当前单位计算的矩形面积 <默认值>:600（输入面积，按〈Enter〉键）

计算矩形标注时依据 [长度(L)/宽度(W)] <长度>：（按〈Enter〉键，选择长度为计算矩形标注的依据）

输入矩形长度 <默认值>:30（输入矩形长度，按〈Enter〉键）

绘制结果如图 4-15c 所示。

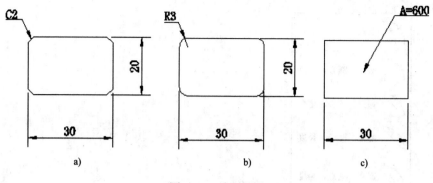

图 4-15 绘制矩形

a) 绘制有倒角的矩形　b) 绘制有圆角的矩形　c) 根据面积绘制矩形

4. 旋转（R）——绘制倾斜矩形

操作格式如下。

单击菜单项："绘图"→"矩形"命令□。

命令：_rectang

指定第一个角点或 [倒角(C)/标高(E)/圆角(F)/厚度(T)/宽度(W)]：（指定矩形第 1 个角点）

指定另一个角点或 [面积(A)/尺寸(D)/旋转(R)]：r（输入选项 R）

指定旋转角度或 [拾取点(P)] <0.00>：（输入旋转角度）

指定另一个角点或 [面积(A)/尺寸(D)/旋转(R)]：d（输入选项 D）

指定矩形的长度 <0.0000>：（输入矩形长度）

指定矩形的宽度 <0.0000>：（输入矩形宽度）

指定另一个角点或 [面积(A)/尺寸(D)/旋转(R)]：（指定矩形另一个角点）

指定另一个角点时有 4 个位置可选，选择需要的位置结束绘制。

4.8　绘制圆弧

绘制圆弧命令较绘制圆要复杂得多，因为圆弧不仅要像圆一样最终要确定圆心和半径，而且还要确定圆弧的长短，绘制圆弧的条件有更多的选择。

调用"圆弧"命令的方法如下。

1）功能区："常用"→"绘图"→"圆弧"命令。

2）菜单项："绘图"→"圆弧"命令。

3）命令行：ARC/A。

功能区与菜单项中绘制圆弧命令如图 4-16 所示。

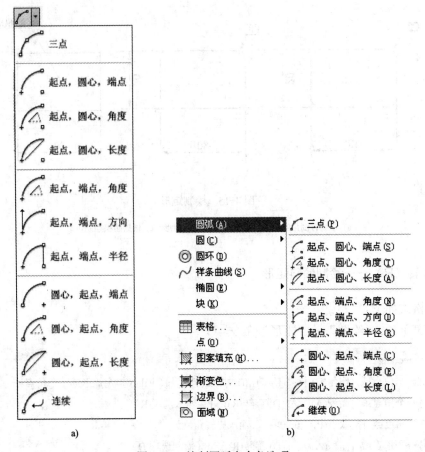

图 4-16　绘制圆弧命令各选项

a) 功能区中绘制圆弧命令　b) 菜单项中绘制圆弧命令

4.8.1　三点方式

操作格式如下。

单击菜单项："绘图"→"圆弧"→"三点"命令 ∕。

命令：_arc 指定圆弧的起点或 [圆心(C)]：（指定圆弧的起点）
指定圆弧的第二个点或 [圆心(C)/端点(E)]：（指定圆弧的第 2 点）
指定圆弧的端点或[角度(A)/弦长(L)]：（指定圆弧的端点）

绘制结果如图 4-17a 所示。

4.8.2　起点、圆心、端点方式

操作格式如下。

单击菜单项："绘图"→"圆弧"→"起点、圆心、端点"命令 ∕。

命令：_arc 指定圆弧的起点或 [圆心(C)]:（指定圆弧起点）

指定圆弧的第二个点或 [圆心(C)/端点(E)]: _c （自动显示圆心选项）

指定圆弧的圆心:（指定圆弧的圆心）

指定圆弧的端点或 [角度(A)/弦长(L)]:（指定圆弧的端点）

绘制结果如图 4-17b 所示。

4.8.3　起点、圆心、角度方式

操作格式如下。

单击菜单项："绘图"→"圆弧"→"起点、圆心、角度"命令 ⌒。

命令：_arc 指定圆弧的起点或 [圆心(C)]:（指定圆弧起点）

指定圆弧的第二个点或 [圆心(C)/端点(E)]: _c （自动显示圆心选项）

指定圆弧的圆心：（指定圆弧的圆心）

指定圆弧的端点或 [角度(A)/弦长(L)]: _a（自动显示角度选项）

指定包含角：（输入包含角度）

绘制结果如图 4-17c 所示。

4.8.4　起点、圆心、长度方式

操作格式如下。

单击菜单项："绘图"→"圆弧"→"起点、圆心、长度"命令 ⌒。

命令：_arc 指定圆弧的起点或 [圆心(C)]:（指定圆弧起点）

指定圆弧的第二个点或 [圆心(C)/端点(E)]: _c （自动显示圆心选项）

指定圆弧的圆心:（指定圆弧的圆心）

指定圆弧的端点或 [角度(A)/弦长(L)]: _l （自动显示弧长选项）

指定弦长：（输入弦长）

绘制结果如图 4-17d 所示。

4.8.5　起点、端点、角度方式

操作格式如下。

单击菜单项："绘图"→"圆弧"→"起点、端点、角度"命令 ⌒。

命令：_arc 指定圆弧的起点或 [圆心(C)]:（指定圆弧起点）

指定圆弧的第二个点或 [圆心(C)/端点(E)]: _e（自动显示端点选项）

指定圆弧的端点：（指定圆弧的端点）

指定圆弧的圆心或 [角度(A)/方向(D)/半径(R)]: _a （自动显示角度选项）

指定包含角：（输入圆弧包含角）

绘制结果如图 4-17e 所示。

4.8.6 起点、端点、方向方式

操作格式如下。

单击菜单项："绘图"→"圆弧"→"起点、端点、方向"命令↷。

命令：_arc 指定圆弧的起点或 [圆心(C)]:（指定圆弧起点）

指定圆弧的第二个点或 [圆心(C)/端点(E)]: _e（自动显示端点选项）

指定圆弧的端点：（指定圆弧的端点）

指定圆弧的圆心或 [角度(A)/方向(D)/半径(R)]: _d （自动显示方向选项）

指定圆弧的起点切向：（指定圆弧的方向点）

绘制结果如图 4-17f 所示。

4.8.7 起点、端点、半径方式

操作格式如下。

单击菜单项："绘图"→"圆弧"→"起点、端点、半径"命令⌒。

命令：_arc 指定圆弧的起点或 [圆心(C)]:（指定圆弧起点）

指定圆弧的第二个点或 [圆心(C)/端点(E)]: _e（自动显示端点选项）

指定圆弧的端点：（指定圆弧的端点）

指定圆弧的圆心或 [角度(A)/方向(D)/半径(R)]: _r （自动显示半径选项）

指定圆弧的半径：（输入圆弧半径）

绘制结果如图 4-17g 所示。

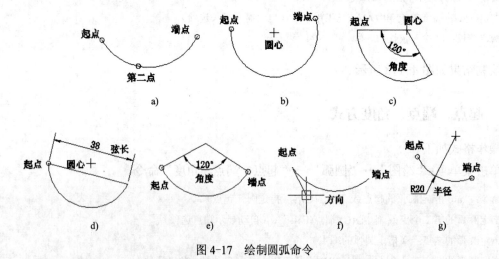

图 4-17 绘制圆弧命令

a) 三点方式 b) 起点、圆心、端点方式 c) 起点、圆心、角度方式 d) 起点、圆心、长度方式
e) 起点、端点、角度方式 f) 起点、端点、方向方式 g) 起点、端点、半径方式

4.9 绘制椭圆和椭圆弧

椭圆在机械图样中一般用来表达倾斜圆的投影（包括轴测投影），在 AutoCAD 2010 中，绘制椭圆一般需要确定关键点的位置，即椭圆的中心、长轴的两个端点和短轴的两个端点。

调用"椭圆"命令的方法如下。

1）功能区："常用"→"绘图"→"椭圆"命令。

2）菜单项："绘图"→"椭圆"命令。

3）命令行：ELLIPSE/EL。

系统提示如下。

命令：_ellipse

指定椭圆的轴端点或 [圆弧(A)/中心点(C)]:

用户可根据需要选择各选项绘制椭圆。

4.9.1 中心点方式

操作格式如下。

单击菜单项："绘图"→"椭圆"→"圆心"命令⊙。

命令：_ellipse

指定椭圆的轴端点或 [圆弧(A)/中心点(C)]: _c（自动显示中心点选项）

指定椭圆的中心点：（指定中心点）

指定轴的端点：40（指定椭圆的长半轴长度）

指定另一条半轴长度或 [旋转(R)]: 30（指定椭圆的短半轴长度）

绘制结果如图 4-18a 所示。

4.9.2 轴端点方式

操作格式如下。

单击菜单项："绘图"→"椭圆"→"轴，端点"命令◯。

命令：_ellipse

指定椭圆的轴端点或 [圆弧(A)/中心点(C)]:（指定椭圆长轴的一个端点）

指定轴的另一个端点：80（指定椭圆长轴的另一个端点）

指定另一条半轴长度或 [旋转(R)]: 30（指定椭圆的短半轴长度）

绘制结果如图 4-18b 所示。

4.9.3 绘制椭圆弧

操作格式如下。

单击菜单项："绘图"→"椭圆"→"椭圆弧"命令 ⌐。

命令：_ellipse
指定椭圆的轴端点或 [圆弧(A)/中心点(C)]：_a（自动显示椭圆弧选项）
指定椭圆弧的轴端点或 [中心点(C)]：（指定椭圆长轴的一个端点）
指定轴的另一个端点:80（指定椭圆长轴另一个端点）
指定另一条半轴长度或 [旋转(R)]:30（指定椭圆的短半轴长度）
指定起始角度或 [参数(P)]:30（指定起始角度）
指定终止角度或 [参数(P)/包含角度(I)]:-30（指定终止角度）

绘制结果如图4-18c所示。

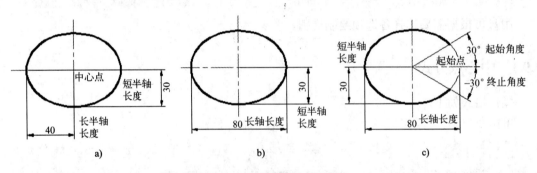

图4-18　绘制椭圆和椭圆弧

a)"中心点"方式绘制椭圆　b)"轴，端点"方式绘制椭圆　c) 绘制椭圆弧

4.10　绘制样条曲线

在绘制机械图样时，样条曲线通常用来绘制局部剖视图和断裂画法中的波浪线。其原理为输入曲线上一些数据点及其切线的位置，拟合出相应的不规则曲线，如图 4-19所示。

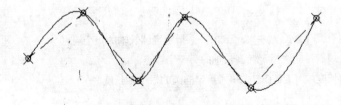

图4-19　绘制样条曲线

4.10.1 绘制样条曲线

调用"样条曲线"命令的方法如下。

1）功能区："常用" → "绘图" → "样条曲线"命令。

2）菜单项："绘图" → "样条曲线"命令。

3）命令行：SPLINE/SPL。

操作格式如下。

单击菜单项："绘图" → "样条曲线"命令 ~。

> 命令：_spline
>
> 指定第一个点或 [对象(O)]：（指定起点）
>
> 指定下一点：（指定第 2 点）
>
> 指定下一点或 [闭合(C)/拟合公差(F)] <起点切向>:（指定第 3 点）
>
> 指定下一点或 [闭合(C)/拟合公差(F)] <起点切向>:（指定第 4 点或按〈Enter〉键结束绘制）
>
> 指定起点切向：按〈Enter〉键
>
> 指定终点切向：按〈Enter〉键

☞注意：

需按 3 次〈Enter〉键才能结束命令。

样条曲线命令中各选项含义如下。

◇ 对象：将样条曲线拟合多段线转换为等价的样条曲线。样条曲线拟合多段线是指 "PEDIT"命令中"样条曲线"选项，将普通多段线转换成样条曲线的对象。

◇ 闭合：将样条曲线的端点与起点闭合。

◇ 拟合公差：定义曲线的偏差值。值越大，离控制点越远，反之则越近。

◇ 起点切向：定义样条曲线的起点和结束点的切线方向。

4.10.2 编辑样条曲线

样条曲线绘制完成后，往往不能满足实际使用要求，此时可以利用样条曲线编辑命令对其进行编辑，以得到符合绘制要求的样条曲线。

操作格式如下。

单击菜单项："修改" → "对象" → "样条曲线"命令 ~。

> 命令：_splinedit
>
> 选择样条曲线:（选择样条曲线）
>
> 输入选项 [拟合数据(F)/闭合(C)/移动顶点(M)/优化(R)/反转(E)/转换为多段线(P)/放弃(U)]:

命令行中各选项的含义如下。

1. 拟合数据（F）

修改样条曲线所通过的主要控制点。使用该选项后，样条曲线上各控制点将会被激活，命令行中会出现进一步的提示信息：

输入拟合数据选项
[添加(A)/闭合(C)/删除(D)/移动(M)/清理(P)/相切(T)/公差(L)/退出(X)] <退出>:

各选项含义如下。

❖ 添加（A）：为样条曲线添加新的控制点。

❖ 闭合（C）：闭合样条曲线。

❖ 删除（D）：删除样条曲线中的控制点。

❖ 移动（M）：移动控制点在图形中的位置，按〈Enter〉键可以依次选取各点。

❖ 清理（P）：从图形数据库中清除样条曲线的拟合数据。

❖ 相切（T）：修改样条曲线在起点和端点的切线方向。

❖ 公差（L）：重新设置拟合公差的值。

❖ 退出（X）：退出此项操作（默认选项）。

2. 闭合（C）

选取该选项，可以将样条曲线封闭。

3. 移动顶点（M）

选择该选项，通过拖动鼠标的方式，移动样条曲线各控制点处的夹点，以达到编辑样条曲线的目的。

4. 优化（R）

在命令行中输入"R"，按〈Enter〉键后，命令行会出现如下信息，要求用户选择某一项操作。

输入优化选项 [添加控制点(A)/提高阶数(E)/权值(W)/退出(X)] <退出>:

各选项含义如下。

❖ 添加控制点（A）：增加插值点。

❖ 提高阶数（E）：更改插值次数。

❖ 权值（W）：更改样条曲线的磅值（磅值越大，越接近插值点）。

❖ 退出（X）：退出此步操作。

5. 反转（E）

主要是为第三方应用程序使用的，用来转换样条曲线的方向。

6. 转换为多段线（P）

将样条曲线转换为多段线。

7. 放弃（U）

取消最后一步操作。

4.11　绘制多线

多线由一系列相互平行的直线组成，最多可包含 16 条平行线，线间的距离、线的数量、线条颜色及线型等都可以调整。

使用多线命令可以通过确定起点和终点位置，一次性画出一组平行直线，而不需要逐一画出每一条平行线。多线在建筑制图中应用非常广泛。

4.11.1　绘制多线

调用"多线"命令的方法如下。

1）菜单项："绘图"→"多线"命令。

2）命令行：MLINE/ML。

操作格式如下。

单击菜单项："绘图"→"多线"命令 ⟍⟍。

> 命令：_mline
>
> 当前设置：对正 = 上，比例 = 1.00，样式 = STANDARD
>
> 指定起点或 [对正(J)/比例(S)/样式(ST)]：（指定起点）
>
> 指定下一点：（指定下一点）
>
> 指定下一点或 [放弃(U)]：（指定下一点，或按〈Enter〉键结束绘制）

4.11.2　创建多线样式

系统默认的多线样式称为 STANDARD 样式，用户可以根据需要设置不同的多线样式。

设置"多线样式"操作方法如下。

1）菜单项："格式"→"多线样式"命令。

2）命令行：MLSTYLE。

执行该命令后，系统弹出"多线样式"对话框，如图 4-20 所示。

在"多线样式"对话框中可以新建多线样式，并对其进行修改、重命名、加载、删除等操作。单击"新建"按钮，系统弹出"创建新的多线样式"对话框，如图 4-20 所示。在"新样式名"文本框中输入新样式名称，单击"继续"按钮，系统打开"新建多线样式：样式一"对话框，在其中可以设置多线样式的封口、填充、图元等内容，如图 4-21 所示。

图 4-20 "多线样式"和"创建新的多线样式"对话框

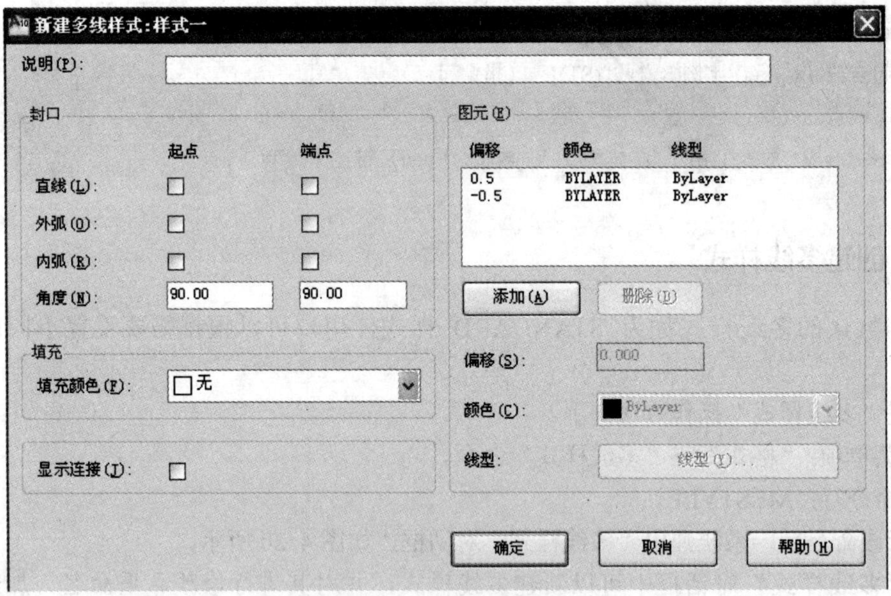

图 4-21 "新建多线样式：样式一"对话框

"新建多线样式：样式一"对话框中各选项的含义如下。

◇ 封口：设置多线的平行线段之间两端封口的样式。

◇ 填充颜色：设置封闭的多线内的填充颜色，选择"无"，表示使用透明颜色填充。

◇ 显示连接：显示或隐藏每条多线线段顶点处的连接。

◇ 图元：构成多线的元素，通过单击"添加"按钮可以添加多线构成元素，也可以通过单击"删除"按钮删除这些元素。

◇ 偏移：设置多线元素从中线的偏移值，值为正表示向上偏移，值为负表示向下偏移。

◇ 颜色：设置组成多线元素的直线线条颜色。

◇ 线型：设置组成多线元素的直线线条线型。

4.12 图案的填充

图案填充是一种使用指定线条图案来充满指定区域的图形对象，常常用于表达剖切面和不同类型物体对象的外观纹理等，被广泛应用在绘制机械图、建筑图、地质构造图等各类图形中。在机械工程图中，图案填充可用于表达一个剖切的区域。使用不同的图案填充还可表达不同的零部件或者材料。

当进行图案填充时，首先要确定填充图案的边界。定义边界的对象只能是直线、双向射线、单向射线、多段线、样条曲线、圆、圆弧、椭圆、椭圆弧、面域等对象或用这些对象定义的块，而且作为边界的对象在当前屏幕上必须全部可见。

在进行图案填充时，把内部闭合边界称为孤岛。在用"BHATCH"命令填充时，AutoCAD 允许用户以拾取点的方式确定填充边界，即在希望填充的区域内任意拾取一点，AutoCAD 会自动确定出填充边界，同时也确定该边界内的孤岛。如果用户是选择对象的方式确定填充边界的，则必须确切地拾取这些孤岛。

4.12.1 创建图案填充

调用"图案填充"命令的方法如下。

1）功能区："常用" → "绘图" → "图案填充"命令。

2）菜单项："绘图" → "图案填充"命令。

3）命令行：BHATCH/H、BH。

执行该命令后，系统弹出"图案填充和渐变色"对话框，如图 4-22 所示。

该对话框中的各选项含义如下。

1. 类型和图案

该选项组用于设置图案填充的方式和图案样式，单击其右侧的下拉按钮，并打开下拉列表来选择填充类型和样式。

◇ 类型：其下拉列表框中包括"预定义"、"用户定义"和"自定义"3 种图案类型。

◇ 图案：选择"预定义"选项，可激活该选项组，除了在下拉列表中选择相应的图案外，还可以单击 按钮，打开"填充图案选项板"对话框，然后通过 4 个选项卡设置相应的图案样式，如图 4-23 所示。

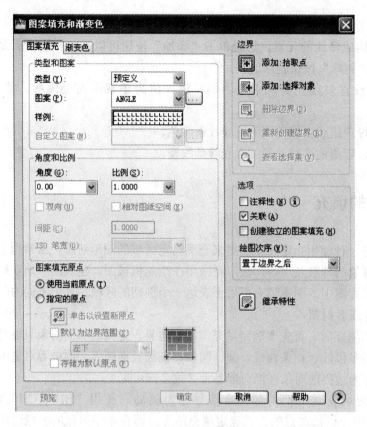

图 4-22 "图案填充和渐变色"对话框

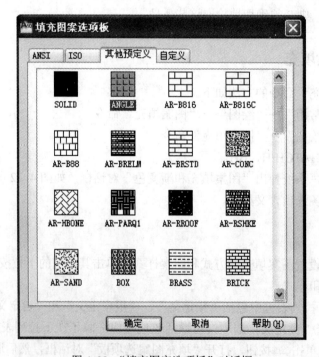

图 4-23 "填充图案选项板"对话框

2. 角度和比例

该选项组用于设置图案填充的填充角度、比例和图案间距等参数。

✧ 角度：设置填充图案的角度，默认情况下填充角度为 0。

✧ 比例：设置填充图案的比例值。

✧ 间距：当用户选择"用户定义"填充图案类型时设置采用的线型的线条间距。

✧ ISO 笔宽：主要针对用户选择"预定义"填充图案类型，同时选择了 ISO 预定义图案时，可以通过改变笔宽值来改变填充效果。

3. 图案填充原点

"图案填充原点"选项组用于设置填充图案生成的起始位置，因为许多图案填充时，需要对齐填充边界上的某一个点。选中"使用当前原点"单选按钮，将默认使用当前 UCS 的原点（0,0）作为图案填充的原点。选择"指定的原点"单选按钮，则是用于用户自定义设置图案填充原点。

4. 边界

"边界"选项组主要用于用户指定图案填充的边界，也可以通过对边界的删除或重新创建等操作直接改变区域填充的效果，其常用选项的功能如下。

✧ 拾取点：单击此按钮将切换至绘图区，可在要填充的区域内任意指定一填充边界，进行图案填充。

✧ 选择对象：利用"选择对象"方式选取边界时，系统认定的填充区域为鼠标点选的区域，且必须是封闭区域，未被选取的边界不在填充区域内。

✧ 删除边界：删除边界是重新定义边界的一种方式，单击此按钮可以取消系统自动选取或用户选取的边界，从而形成新的填充区域，如图 4-24 所示。

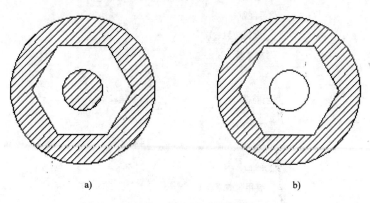

a)　　　　　　　　　　　　　　b)

图 4-24　图形边界效果

a) 默认边界填充图案　b) 删除内部边界填充图案

5. 选项

该选项组用于设置图案填充的一些附属功能，它的设置间接影响填充图案的效果。

◇ "注释性"复选框：指定图案填充是否为可注释性的。选择注释性时填充图案显示比例为注释比例乘以填充图案比例。

◇ "关联"复选框：用于控制填充图案与边界"关联"或"非关联"。关联图案填充随边界的变化而自动更新，非关联图案则不会随边界的变化自动更新。

◇ "创建独立的图案填充"复选框：选择该复选框，则可以创建独立的图案填充，它不随边界的修改而更新图案填充。

◇ "绘图次序"下拉列表框：主要为图案填充指定绘图顺序。

4.12.2 设置填充孤岛

在进行图案填充时，通常将位于一个已定义好的填充区域内的封闭区域称为孤岛。在填充区域内如有文字、公式以及孤立的封闭图形等特殊对象时，可以利用孤岛操作在这些对象处断开填充或全部填充。

在"图案填充和渐变色"对话框中，单击右下角的 ⊙ 按钮，将展开"孤岛"选项组，如图 4-25 所示。利用该选项组的设置，可避免在填充图案时覆盖一些重要的文本注释或标记等属性。

图 4-25 "孤岛"选项组

1. 设置孤岛

选中"孤岛检测"复选框，便可利用孤岛调整填充图案，在"孤岛显示样式"选项组中有以下 3 种孤岛显示方式。

◇ 普通：该选项是从最外面向里填充图案，遇到与之相交的内部边界时断开填充图案，遇到下一个内部边界时再继续填充，如图 4-26a 所示。

◇ 外部：选中该单选按钮，系统将从最外边界向里填充图案，遇到与之相交的内部边界时断开填充图案，不再继续向里填充，如图 4-26b 所示。

◇ 忽略：选中该单选按钮，则系统忽略边界内的所有孤岛对象，所有内部结构都被填充图案覆盖，如图 4-26c 所示。

2. 边界保留

该选项组中的"保留边界"复选框与下面的"对象类型"下拉列表项相关联，即选中"保留边界"复选框便可将填充边界对象保留为面域或多段线两种形式。

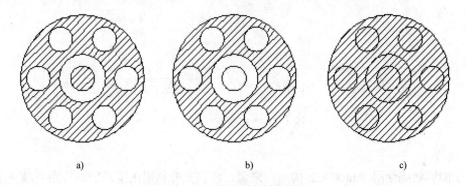

a)   b)   c)

图 4-26　设置孤岛填充样式

a) 普通孤岛样式　b) 外部孤岛样式　c) 忽略孤岛样式

4.12.3　渐变色填充

在绘图过程中，有些图形在填充时需要用到一种或多种颜色。例如，绘制装潢、美工图纸等。

单击"绘图"工具栏中的"渐变色填充"按钮，在"图案填充和渐变色"对话框中的"渐变色"选项卡中便可设置颜色类型、填充样式以及方向等，以获得多彩的渐变色填充效果，如图 4-27 所示。

图 4-27 "渐变色"选项卡

> 技巧：

对于能够熟练使用 AutoCAD 的用户来说，应该充分利用图层功能，将图案填充单独放在一个图层上。当不需要显示该图案填充时，将图案所在层关闭或者冻结即可。使用图层控制图案填充的可见性时，不同的控制方式会使图案填充与其边界的关联关系发生变化，其特点如下。

1）当图案填充所在的图层被关闭后，图案与其边界仍保持着关联关系。即修改边界后，填充图案会根据新的边界自动调整位置。

2）当图案填充所在的图层被冻结后，图案与其边界脱离关联关系。即边界修改后，填充图案不会根据新的边界自动调整位置。

3）当图案填充所在的图层被锁定后，图案与其边界脱离关联关系。即边界修改后，填充图案不会根据新的边界自动调整位置。

4.13 实训——使用 AutoCAD 2010 基本绘图命令绘制平面图形

绘制如图 4-28 所示简单平面图形。

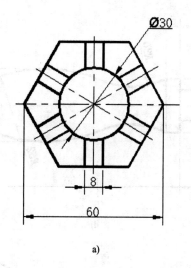

a)

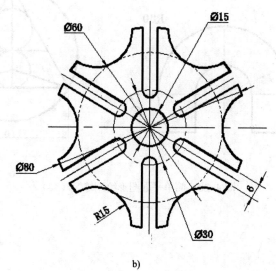

b)

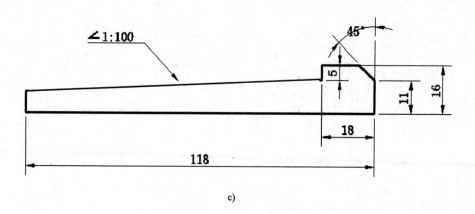

c)

图 4-28　简单平面图形绘制练习

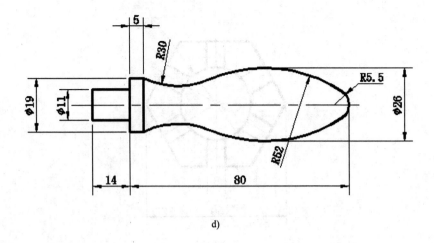

d)

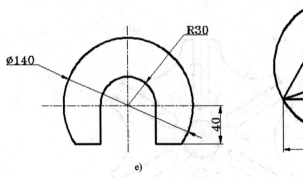

e)

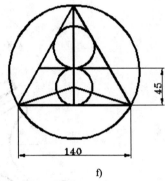

f)

图 4-28　简单平面图形绘制练习（续）

第 5 章 AutoCAD 2010 基本编辑命令

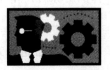

通过 AutoCAD 提供的绘图命令可以绘制较简单的图形，但是绘制复杂的图形就需要使用复制、移动、镜像、阵列、偏移、旋转及缩放等修改命令。熟练掌握这些修改命令，就可以提高绘图的效率。

单击"常用"选项卡，在"修改"面板上有"删除"、"缩放"、"移动"、"复制"等编辑命令图标，单击"修改"选项卡，弹出隐藏的修改工具如"打断"、"填充"等。如果需要重复使用隐藏面板上的命令，可单击左下角的"图钉"图标。隐藏面板就固定在绘图区域了。使用完再单击"图钉"图标，隐藏面板就收起来了，这样可以扩大绘图区域。"修改"面板如图 5-1 所示。

图 5-1 "修改"面板

5.1 选择对象

AutoCAD 用虚线高亮显示选择的对象，这些对象将构成选择集，选择集可以包括单个的对象，也可以包括复杂的对象编组。在 AutoCAD 2010 中，可以在菜单栏中选择"工具→选项"菜单命令，弹出"选项"对话框，在"选择集"选项卡中设置集模式、拾取框的大小及夹点等。

选择对象的方法很多，可以通过单击对象选择，也可以利用矩形窗口交叉窗口选择。可以选择最近创建的对象或图形中的所有对象，也可以向选择集中添加或删除对象。

选择对象的方法主要有以下几种。

1. 直接点取方式

直接点取方式是一种默认选择方式，当提示选择对象时，移动光标，当光标压住所选择的对象时，单击，该对象变为虚线时表示被选中，并可以连续选择其他对象，如图 5-2a 所示。

2. 全部选择方式

当提示选择对象时，输入"ALL"后按〈Enter〉键，即选中绘图区中的所有对象。

3. 窗口选择方式

当提示选择对象时，在默认状态下，用鼠标指定窗口的一个顶点，然后移动鼠标，再单击，确定一个矩形窗口。如果鼠标从左向右移动来确定矩形，则完全处在窗口内的对象被选中；如果鼠标从右向左移动来确定矩形，则完全处在窗口内的对象和与窗口相交的对象均被选中，称为交叉方式。如图 5-2b 中先选 A 点再选 B 点为全部选中，图 5-2c 中先选 A 点再选 B 点为部分选中。

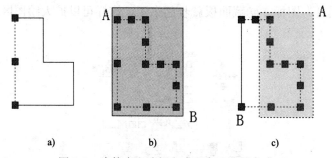

图 5-2　直接点取选择方式和窗口选择方式

a) 直接点取方式　b) 窗口选择方式　c) 交叉选择方式

4. 不规则窗口选择方式

当提示选择对象时，输入"WP(Window Polygon)"后按〈Enter〉键，然后依次输入第 1 角点，第 2 角点……第 6 角点，绘制出一个不规则的多边形窗口，位于该窗口内的对象即被选中，如图 5-3 所示。

5. 上次选择方式

当提示选择对象时，输入"P(Previous)"后按〈Enter〉键，将选中在当前操作之前的操作中所设定好的对象。

6. 最后选择方式

当提示选择对象时，输入"L(Last)"后按〈Enter〉键，将选中最后绘制的对象。

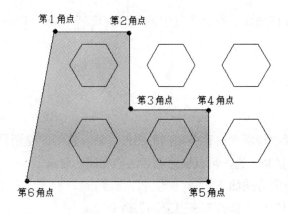

图 5-3 不规则窗口选择方式

7. 取消

当提示选择对象时，输入"U(Undo)"后按〈Enter〉键，可以取消最后选择的对象。

5.2 删除对象

在绘制图形的过程中，经常需要删除一些辅助图形及多余图线，还需要对误删的图形进行恢复操作，AutoCAD 提供的"ERASE"命令和"OOPS"命令可以将这些对象进行删除和恢复。

5.2.1 删除对象简介

调用"删除"命令的方法如下。
1）功能区："常用"→"修改"→"删除"命令。
2）菜单项："修改"→"删除"命令。
3）命令行：ERASE/E。
系统提示如下。

命令：_erase
选择对象：（选择要删除的对象）
选择对象：（按〈Enter〉键结束或继续选择对象）
（结束删除命令）

5.2.2 恢复删除对象

用户在执行"删除"命令时，可能会不小心删除某些有用的图形，这时可以用"恢复"

75

命令来帮助用户改正操作失误。在命令行中输入"OOPS"后按〈Enter〉键确认，就可以恢复到上一步。

5.3 复制对象

在同一份工程图样中经常含有许多相同的图形对象，它们的差别只是相对位置的不同。使用 AutoCAD 提供的复制工具，可以快速创建这些相同的对象。

调用"复制"命令的方法如下。

1）功能区："常用"→"修改"→"复制"命令。

2）菜单项："修改"→"复制"命令。

3）命令行：COPY/CO、CP。

系统提示如下。

命令：_copy

选择对象：（选择要复制的对象）

选择对象：（按〈Enter〉键或继续选择对象）

指定基点或 [位移(D)/模式(O)] <位移>：（指定复制基点）

指定第二个点或 <使用第一个点作为位移>：（指定位移点）

(当在指定基点时输入 M 后，可以重复复制对象，即在指定位移第二个点时，多次指定位置即可)。

★ 复制对象操作示例——绘制如图 5-4a 所示的 4 个正六边形。

操作步骤如下。

1. 先画出 1 个正六边形

2. 再复制 3 个正六边形

单击菜单项："修改"→"复制"命令。

命令：_copy

选择对象：找到 1 个（单击正六边形）

选择对象：（按〈Enter〉键结束选择）

当前设置：复制模式 = 多个

指定基点或 [位移(D)/模式(O)] <位移>：（单击六边形上任意一点，如 A 点）

指定第二个点或 <使用第一个点作为位移>：

指定第二个点或 [退出(E)/放弃(U)] <退出>：（复制第 2 个正六边形）

指定第二个点或 [退出(E)/放弃(U)] <退出>：（复制第 3 个正六边形）

指定第二个点或 [退出(E)/放弃(U)] <退出>：（复制第 4 个正六边形）

指定第二个点或 [退出(E)/放弃(U)] <退出>：（按〈Enter〉键结束选择）

操作过程如图 5-4b 所示。

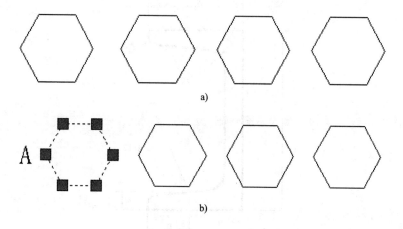

图 5-4　复制对象示例

5.4　镜像对象

镜像命令"MIRROR"是一个特殊的复制命令。通过镜像生成的图形对象与源对象相对于对称轴呈对称分布。在实际工程中，许多物体都设计成对称结构。在绘制这些图样时可以只绘制一半，然后利用镜像工具可以迅速得到另一半。

调用"镜像"命令的方法如下。

1）功能区："常用"→"修改"→"镜像"命令。

2）菜单项："修改"→"镜像"命令。

3）命令行：MIRROR/MI。

系统提示如下。

命令：_mirror

选择对象：（选择要镜像的对象）

选择对象：（按〈Enter〉键结束选择或继续选择对象）

指定镜像线的第一点：（指定对称线的任意一点）

指定镜像线的第二点：（指定对称线的另一点）

要删除源对象吗？[是(Y)/否(N)]〈N〉：（选择后按〈Enter〉键结束操作）

★ 镜像对象操作示例——绘制如图 5-5a 所示槽钢的截面图形。

☞提示：

先画出机械图样的一半，如图 5-5b 所示。再用镜像命令绘制另外一半，如图 5-5c 所示。

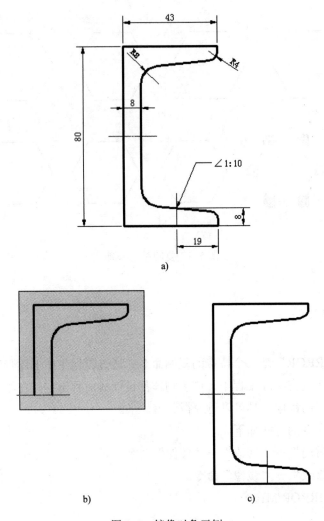

图 5-5 镜像对象示例

a) 槽钢零件图   b) 选择镜像的对象   c) 镜像结果

5.5 偏移对象

偏移命令"OFFSET"采用复制的方法生成等间距的平行直线、平行曲线或同心圆。可以进行偏移的图形对象包括直线、曲线、多边形、圆、圆弧等。

调用"偏移"命令的方法如下。

1）功能区："常用"→"修改"→"偏移"命令。

2）菜单项："修改"→"偏移"命令。

3）命令行：OFFSET/O。

系统提示如下。

命令：_offset

当前设置：删除源=否，图层=源　OFFSETGAPTYPE=0

指定偏移距离或 [通过(T)/删除(E)/图层(L)] <通过>：（指定偏移距离）

选择要偏移的对象，或 [退出(E)/放弃(U)] <退出>：（选择要偏移的对象）

指定要偏移的那一侧上的点，或 [退出(E)/多个(M)/放弃(U)] <退出>：（指定偏移方位）

选择要偏移的对象，或 [退出(E)/放弃(U)] <退出>：（继续执行偏移命令或按〈Enter〉键退出）

★ 偏移对象操作示例——绘制如图 5-6 所示标题栏。

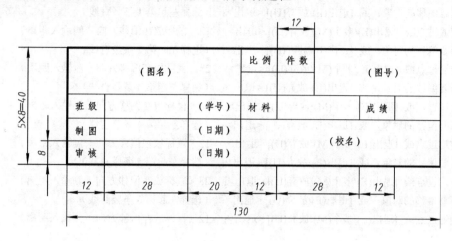

图 5-6　偏移对象操作示例

操作步骤如下。

1）绘制矩形边框。

命令：_line 指定第一点：（指定标题栏左上角点）

指定下一点或 [放弃(U)]<正交开>：40（鼠标向下绘制左边竖线）

指定下一点或 [放弃(U)]：130（鼠标向右绘制下边水平线）

指定下一点或 [闭合(C)/放弃(U)]：40（鼠标向上绘制右边竖线）

指定下一点或 [闭合(C)/放弃(U)]：（单击第 1 点闭合边框）

指定下一点或 [闭合(C)/放弃(U)]：（按〈Enter〉键结束）

2）偏移水平线。

命令：_offset

当前设置：删除源=否　图层=源　OFFSETGAPTYPE=0

指定偏移距离或 [通过(T)/删除(E)/图层(L)] <10.0000>：8

选择要偏移的对象，或 [退出(E)/放弃(U)] <退出>：（选择第 1 条水平线）

指定要偏移的那一侧上的点，或 [退出(E)/多个(M)/放弃(U)] <退出>：（选择偏移方向）

选择要偏移的对象，或 [退出(E)/放弃(U)] <退出>：（选择第 2 条水平线）

指定要偏移的那一侧上的点，或 [退出(E)/多个(M)/放弃(U)] <退出>：（选择偏移方向）

选择要偏移的对象，或 [退出(E)/放弃(U)] <退出>：（选择第 3 条水平线）

指定要偏移的那一侧上的点，或 [退出(E)/多个(M)/放弃(U)] <退出>：（选择偏移方向）

选择要偏移的对象，或 [退出(E)/放弃(U)] <退出>：（选择第 4 条水平线）

指定要偏移的那一侧上的点，或 [退出(E)/多个(M)/放弃(U)] <退出>: (选择偏移方向)
选择要偏移的对象，或 [退出(E)/放弃(U)] <退出>: (按〈Enter〉键退出)

3）偏移竖直线。

命令：_offset
当前设置：删除源=否　图层=源　OFFSETGAPTYPE=0
指定偏移距离或 [通过(T)/删除(E)/图层(L)] <8.0000>：t（选择通过（T）方式）
选择要偏移的对象，或 [退出(E)/放弃(U)] <退出>：（选择左起第1条竖直线）
指定通过点或 [退出(E)/多个(M)/放弃(U)] <退出>：12（鼠标放在偏移方向一侧输入距离）
选择要偏移的对象，或 [退出(E)/放弃(U)] <退出>：（选择左起第2条竖直线）
指定通过点或 [退出(E)/多个(M)/放弃(U)] <退出>：28（鼠标放在偏移方向一侧输入距离）
选择要偏移的对象，或 [退出(E)/放弃(U)] <退出>：（选择左起第3条竖直线）
指定通过点或 [退出(E)/多个(M)/放弃(U)] <退出>：20（鼠标放在偏移方向一侧输入距离）
选择要偏移的对象，或 [退出(E)/放弃(U)] <退出>：（选择左起第4条竖直线）
指定通过点或 [退出(E)/多个(M)/放弃(U)] <退出>：12（鼠标放在偏移方向一侧输入距离）
选择要偏移的对象，或 [退出(E)/放弃(U)] <退出>：（选择左起第5条竖直线）
指定通过点或 [退出(E)/多个(M)/放弃(U)] <退出>：28（鼠标放在偏移方向一侧输入距离）
选择要偏移的对象，或 [退出(E)/放弃(U)] <退出>：（选择左起第6条竖直线）
指定通过点或 [退出(E)/多个(M)/放弃(U)] <退出>：12（鼠标放在偏移方向一侧输入距离）

偏移结果如图5-7a所示。
如图5-7b所示为修剪后的效果（修剪过程从略）。

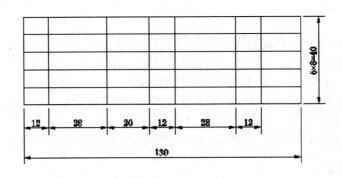

a)

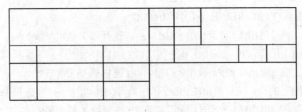

b)

图5-7　偏移对象示例

a) 偏移对象　b) 修剪对象

5.6　阵列对象

复制、镜像和偏移命令一次只能复制一个图形对象，或只能一个一个地复制。而工程图样中有的结构却需要有规律地大量的重复。AutoCAD 提供的阵列命令"ARRAY"则可以完成多个图形的复制。

调用"阵列"命令的方法如下。

1）功能区："常用"→"修改"→"阵列"命令。

2）菜单项："修改"→"阵列"命令。

3）命令行：ARRAY/AR。

阵列有两种，即矩形阵列和环形阵列。矩形阵列是指对象按行、列方式进行排列，操作时需输入行、列、行间距和列间距等。如果要倾斜方向生成矩形阵列，还需输入阵列的倾斜角。环形阵列是指对象按环形进行排列，操作时需选择旋转中心，并输入项目总数、填充角度和对象是否旋转等。

单击菜单项"修改"→"阵列"命令后，系统打开"阵列"对话框。首先选择需要阵列的对象，然后在对话框中输入阵列的形式（矩形阵列还是环形阵列）后，再根据对话框中出现的不同选项进行选择和输入。

★ 阵列对象操作示例。

1. 用矩形阵列工具画出如图 5-8a 所示的电子设备的散热孔

1）先画出一个散热孔的结构，如图 5-8a 所示。

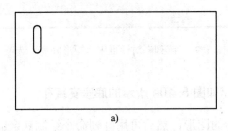

a)

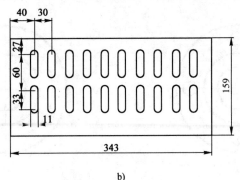

b)

图 5-8　矩形阵列对象示例

a) 先画出一个散热孔的结构　b) 散热孔结构图

2）再画出其余的散热孔，如图 5-8b 所示。

单击菜单项"修改"→"阵列"命令，弹出"阵列"对话框，选择"矩形阵列"。在对话框中输入各选项，其中"行数"为2、"列数"为10、"行偏移"为-60、"列偏移"为30。参数设置如图 5-9 所示。

单击按钮，系统提示如下。

选择对象：指定对角点：找到 4 个（窗口选择一个散热孔）

选择对象：（按〈Enter〉键结束）

阵列结果如图 5-8b 所示。

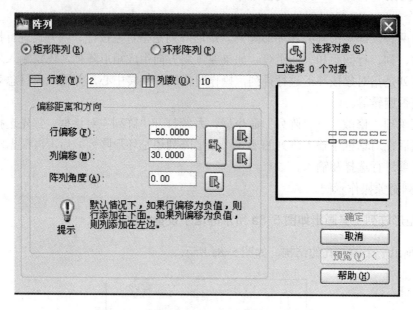

图 5-9 "阵列"对话框中"矩形阵列"选项

2. 用环形阵列工具画出如图 5-10a 所示的底座安装孔

先画出如图 5-10b 所示的图形，然后再用阵列命令绘制其余的 3 个圆孔。

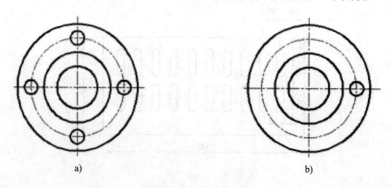

a)   b)

图 5-10 绘制底座安装孔

单击菜单项"修改"→"阵列"命令，弹出"阵列"对话框，选择"环形阵列"单选按钮。在对话框中输入各选项，其中"项目总数"与默认值相同为 4，"填充角度"为 360，参数设置如图 5-11 所示。

单击按钮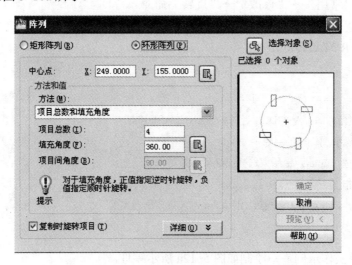，系统提示如下。

> 选择对象：找到 1 个（单击小圆孔）
>
> 选择对象：（按〈Enter〉键结束选择）
>
> 指定阵列中心点：（捕捉大圆的圆心）

阵列结果如图 5-10a 所示。

图 5-11 "阵列"对话框中"环形阵列"选项

5.7 移动对象

在绘图过程中，经常需要对图形对象进行移动，AutoCAD 提供的平移命令"MOVE"可以将对象从一个位置平移到另一个位置，平移过程中图形的大小、形状和倾斜角度均不改变。

调用"移动"命令的方法如下。

1）功能区："常用"→"修改"→"移动"命令。

2）菜单项："修改"→"移动"命令。

3）命令行：MOVE/M。

系统提示如下。

> 命令：_move
>
> 选择对象：（选择要移动的对象）
>
> 指定基点或 [位移(D)] <位移>：（指定基点）
>
> 指定第二个点或 <使用第一个点作为位移>：（指定位移点，按〈Enter〉键结束

系统将对象沿两点所确定的位置矢量移动至新位置。

5.8 旋转对象

通过选择一个基点和一个相对或绝对的旋转角度即可旋转对象，源对象可以删除也可以保留。指定一个相对角度将从对象的当前方向以相对角度绕基点旋转对象。默认设置逆时针方向旋转为正向，顺时针旋转为负向。

调用"旋转"命令的方法如下。

1）功能区："常用"→"修改"→"旋转"命令。

2）菜单项："修改"→"旋转"命令。

3）命令行：ROTATE/RO。

系统提示如下。

命令：_rotate

UCS 当前的正角方向：ANGDIR=逆时针　ANGBASE=0.00

选择对象：（选择要旋转的对象）

选择对象：（按〈Enter〉键结束选择或继续选择对象）

指定基点：（指定旋转基点）

指定旋转角度，或 [复制(C)/参照(R)] <0.00>：（指定旋转角度）

按〈Enter〉键结束。

★ 旋转对象操作示例——绘制如图 5-12a 所示零件。

1. 先绘制如图 5-12b 所示图形

2. 再用旋转命令绘制倾斜部分

单击菜单项："修改"→"旋转"命令。

命令：_rotate

UCS 当前的正角方向：ANGDIR=逆时针　ANGBASE=0.00

选择对象：（交叉窗口方式选择对象，先选 A 点再选 B 点）

指定对角点：找到 6 个

选择对象：（按〈Enter〉键结束选择对象）

指定基点：（捕捉圆心 O 点）

指定旋转角度，或 [复制(C)/参照(R)] <0.00>：c（选择复制对象方式旋转，源对象保留）

旋转一组选定对象

指定旋转角度，或 [复制(C)/参照(R)] <0.00>：-120（输入旋转角度）

按〈Enter〉键结束命令。

绘制结果如图 5-12c 所示。

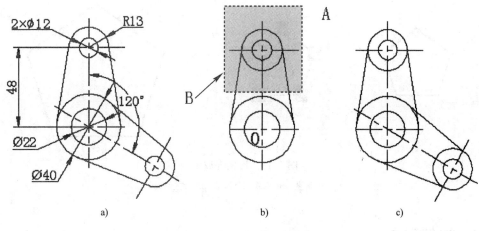

图 5-12　旋转对象示例

5.9　比例缩放对象

AutoCAD 提供的"SCALE"命令可将对象按指定的比例因子相对于基点放大或缩小，也可把对象缩放到指定的尺寸。

调用"缩放"命令的方法如下。

1）功能区："常用"→"修改"→"缩放"命令。

2）菜单项："修改"→"缩放"命令。

3）命令行：SCALE/SC。

系统提示如下。

命令：_scale

选择对象：（选择要缩放的对象）

选择对象：（按〈Enter〉键结束选择或继续选择对象）

指定基点：（指定基点）

指定比例因子或 [复制(C)/参照(R)]＜默认值＞：（指定比例因子）

按〈Enter〉键结束命令。

★ 比例缩放对象操作示例——将如图 5-13a 所示的五边形放大 2 倍。

命令：_scale

选择对象：找到 1 个（单击五边形）

选择对象：（按〈Enter〉键结束选择）

指定基点：（单击五边形上任意一点）

指定比例因子或 [复制(C)/参照(R)]＜1.0000＞：2（输入缩放倍数）

缩放结果如图 5-13c 所示。

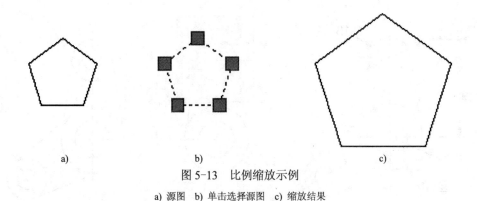

图 5-13 比例缩放示例

a) 源图 b) 单击选择源图 c) 缩放结果

5.10 拉伸对象

"STRETCH"命令可以一次将多个图形对象沿指定的方向进行拉伸，编辑过程中必须用交叉窗口选择对象，除被选中的对象外，其他图元的大小及相互间的几何关系将不改变。

调用"拉伸"命令的方法如下。

1）功能区："常用"→"修改"→"拉伸"命令。

2）菜单项："修改"→"拉伸"命令。

3）命令行：STRETCH/S。

系统提示如下。

命令：_stretch

选择对象：（用窗口方式选择要拉伸的对象）

选择对象：（按〈Enter〉键结束选择或继续选择对象）

指定基点位置：（指定基点）

指定第二点：（移动鼠标指引方向并指定第2个点）

★ 拉伸对象操作示例——将图 5-14a 所示图形的总高改为 48。

单击菜单项："修改"→"拉伸"命令📐。

命令：_stretch

以交叉窗口或交叉多边形选择要拉伸的对象...

选择对象：找到 13 个（用交叉窗口方式，先单击A点再单击B点）

指定对角点：

指定基点或 [位移(D)] <位移>：（在图形上任意指定一点）

指定第二个点或 <使用第一个点作为位移>：8（鼠标放在上方，向上拉伸）

拉伸结果如图 5-14c 所示。

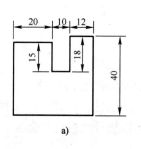
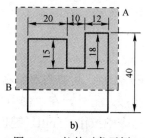
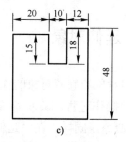

图 5-14　拉伸对象示例

5.11　修剪对象

修剪命令是作图中经常用到的命令，它按照指定的对象边界裁剪对象，将不需要的部分修剪掉。

调用"修剪"命令的方法如下。

1）功能区："常用"→"修改"→"修剪"命令。

2）菜单项："修改"→"修剪"命令。

3）命令行：TRIM/TR。

系统提示如下。

命令：_trim

当前设置：投影=UCS 边=无

选择剪切边...(选择修剪边界)

选择对象或 <全部选择>：（按〈Enter〉键结束或继续选择对象）

选择要修剪的对象，或按住〈Shift〉键选择要延伸的对象，或

[栏选(F)/窗交(C)/投影(P)/边(E)/删除(R)/放弃(U)]：（选择要修剪的对象）

选择要修剪的对象，或按住〈Shift〉键选择要延伸的对象，或

[栏选(F)/窗交(C)/投影(P)/边(E)/删除(R)/放弃(U)]：（选择要修剪的对象或按〈Enter〉键结束操作）

★ 修剪对象操作示例——绘制如图 5-15a 所示图形。

1. 按照如图 5-15a 所示尺寸绘制如图 5-15b 所示的图形

2. 窗口选择全部对象作为修剪边，然后将不需要的图线剪去,如图 5-15c 所示

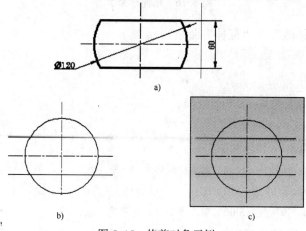

图 5-15　修剪对象示例

5.12 延伸对象

延伸对象和修剪对象的作用正好相反,可以将对象精确地延伸到其他对象定义的边界。该命令的操作过程和修剪命令很相似。另外,在"修剪"命令中按住〈Shift〉键可以执行"延伸"命令,同样,在"延伸"命令中按住〈Shift〉键也可以执行"修剪"命令。

调用"延伸"命令的方法如下。

1)功能区:"常用"→"修改"→"延伸"命令。

2)菜单项:"修改"→"延伸"命令。

3)命令行:EXTEND/EX。

系统提示如下。

命令:_extend

当前设置:投影=UCS 边=无

选择边界的边...

选择对象或 <全部选择>:(选择边界对象)

选择对象:(按〈Enter〉键结束选择或继续选择对象)

选择要延伸的对象,或按住〈Shift〉键选择要修剪的对象,或

[栏选(F)/窗交(C)/投影(P)/边(E)/放弃(U)]:(选择要延伸的对象)

★ 延伸对象操作示例。

将图 5-16b 中 1、2、3 三条图线延伸至 4 的位置,如图 5-16a 所示。

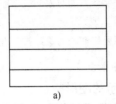
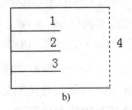

图 5-16 延伸对象示例

单击菜单项:"修改"→"延伸"命令。

命令:_extend

当前设置:投影=UCS 边=无

选择边界的边...(单击图 5-16b 中的图线 4)

选择对象或 <全部选择>:找到 1 个

选择对象:(按〈Enter〉键结束选择)

选择要延伸的对象,或按住〈Shift〉键选择要修剪的对象,或

 [栏选(F)/窗交(C)/投影(P)/边(E)/放弃(U)]:(单击图线 1 右端)

选择要延伸的对象,或按住〈Shift〉键选择要修剪的对象,或

[栏选(F)/窗交(C)/投影(P)/边(E)/放弃(U)]:(单击图线 2 右端)

选择要延伸的对象，或按住〈Shift〉键选择要修剪的对象，或
[栏选(F)/窗交(C)/投影(P)/边(E)/放弃(U)]：（单击图线3右端）
选择要延伸的对象，或按住〈Shift〉键选择要修剪的对象，或
[栏选(F)/窗交(C)/投影(P)/边(E)/放弃(U)]：（按〈Enter〉键结束选择）

延伸结果如图5-16a所示。

5.13 打断对象

AutoCAD提供的打断命令可以删除对象的一部分，常用于打断线段、圆、圆弧、椭圆等，此命令既可以在一个点打断对象，也可以在指定的两点间打断对象。
调用"打断"命令的方法如下。
1）功能区："常用"→"修改"→"打断"命令。
2）菜单项："修改"→"打断"命令。
3）命令行：BREAK/BR。
系统提示如下。

命令：_break
选择对象：（选择对象指定打断点1）
指定第二个打断点或[第一点(F)]：（指定打断点2）

★ 打断对象操作示例。

1．单击菜单项："修改"→"打断"命令

命令：_break
选择对象：（单击图5-17b中的1点）
指定第二个打断点 或 [第一点(F)]：（单击图5-17b中的2点）

打断结果如图5-17b所示。

2．单击菜单项："修改"→"打断"命令

命令：_break
选择对象：（单击图5-17c中的1点）
指定第二个打断点 或 [第一点(F)]：（单击图5-17c中的2点）

打断结果如图5-17c所示。

3．单击菜单项："修改"→"打断"命令

命令：_break

打断结果如图 5-17d 所示。

指定两个打断点后按顺时针方向的圆弧被保留下来。

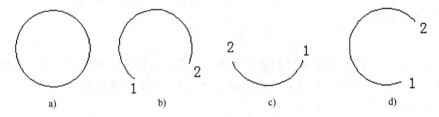

图 5-17　打断对象示例

5.14　倒角

倒角命令是把两条相交线从相交处裁剪指定的长度，并用一条新线段连接两个剪切边的端点。在机械图样中常被用来绘制工艺结构。

调用"倒角"命令的方法如下。

1）功能区："常用"→"修改"→"倒角"命令。

2）菜单项："修改"→"倒角"命令。

3）命令行：CHAMFER/CHA。

系统提示如下。

倒角命令的各子选项含义如下。

1. 多段线（P）

2. 距离（D）

命令：_chamfer

（"修剪"模式）当前倒角距离 1 = 0.0000，距离 2 = 0.0000

选择第一条直线或 [放弃(U)/多段线(P)/距离(D)/角度(A)/修剪(T)/方式(E)/多个(M)]：d

指定第一个倒角距离 <0.0000>：（输入第 1 个倒角距离）

指定第二个倒角距离 <0.0000>：（输入第 2 个倒角距离）

3. 角度（A）

命令：_chamfer

（"修剪"模式）当前倒角距离 1 = 0.0000，距离 2 = 0.0000

选择第一条直线或 [放弃(U)/多段线(P)/距离(D)/角度(A)/修剪(T)/方式(E)/多个(M)]：a

指定第一条直线的倒角长度 <0.0000>：（指定第 1 条直线的倒角长度）

指定第一条直线的倒角角度 <0.00>：（指定第 1 条直线的倒角角度）

选择第一条直线或 [放弃(U)/多段线(P)/距离(D)/角度(A)/修剪(T)/方式(E)/多个(M)]：（选择第 1 条直线或选项）

选择第二条直线，或按住〈Shift〉键选择要应用角点的直线：（选择第 2 条直线）

4. 多个（M）

命令：_chamfer

（"修剪"模式）当前倒角距离 1 = 0.0000，距离 2 = 0.0000

选择第一条直线或 [放弃(U)/多段线(P)/距离(D)/角度(A)/修剪(T)/方式(E)/多个(M)]：m

选择第一条直线或 [放弃(U)/多段线(P)/距离(D)/角度(A)/修剪(T)/方式(E)/多个(M)]：（选择第 1 条直线或选项）

选择第二条直线，或按住〈Shift〉键选择要应用角点的直线：（选择第 2 条直线）

5. 修剪（T）

命令：_chamfer

（"修剪"模式）当前倒角距离 1 = 2.0000，距离 2 = 2.0000

选择第一条直线或 [放弃(U)/多段线(P)/距离(D)/角度(A)/修剪(T)/方式(E)/多个(M)]：t

输入修剪模式选项 [修剪(T)/不修剪(N)] <修剪>：（选择修剪模式）

选择第一条直线或 [放弃(U)/多段线(P)/距离(D)/角度(A)/修剪(T)/方式(E)/多个(M)]：（选择第一条直线）

选择第二条直线，或按住〈Shift〉键选择要应用角点的直线：（选择第二条直线）

★ 倒角操作示例——绘制如图 5-18a 所示的阶梯轴的倒角。

1. 先绘制出图 5-18b 所示的图形

2. 绘制倒角

单击菜单项："修改"→"倒角"命令。

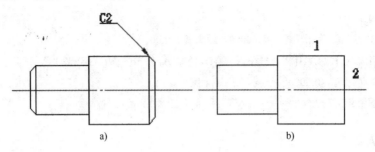

图 5-18　倒角示例

命令：_chamfer

（"修剪"模式）当前倒角距离 1 = 0.0000，距离 2 = 0.0000

选择第一条直线或 [放弃(U)/多段线(P)/距离(D)/角度(A)/修剪(T)/方式(E)/多个(M)]：d（输入 d，选择距离 D 选项）

指定第一个倒角距离 <0.0000>：2（输入第 1 个倒角距离）

指定第二个倒角距离 <2.0000>：（按<Enter>键重复第 1 个倒角距离）

选择第一条直线或 [放弃(U)/多段线(P)/距离(D)/角度(A)/修剪(T)/方式(E)/多个(M)]：（单击直线 1）

选择第二条直线，或按住〈Shift〉键选择要应用角点的直线：（单击直线 2）

第 1 个倒角绘制完成，重复上述操作，可绘制其余 3 个倒角。

倒角结果如图 5-18a 所示。

5.15　倒圆角

圆角"FILLET"命令可以为直线、多段线、样条线、圆、圆弧等倒圆角。

调用"圆角"命令的方法如下。

1）功能区："常用"→"修改"→"圆角"命令。

2）菜单项："修改"→"圆角"命令。

3）命令行：FILLET/F。

系统提示如下。

命令：_fillet

当前设置：模式 = 修剪，半径 = 0.0000

选择第一个对象或 [放弃(U)/多段线(P)/半径(R)/修剪(T)/多个(M)]：

圆角命令中的各选项含义如下。

1. 多段线（P）

命令：_fillet

当前设置：模式 = 修剪，半径 = 0.0000

选择第一个对象或 [放弃(U)/多段线(P)/半径(R)/修剪(T)/多个(M)]：p

选择二维多段线：（选择二维多段线）

2．半径（R）

命令：_fillet

当前设置：模式 = 修剪，半径 = 0.0000

选择第一个对象或 [放弃(U)/多段线(P)/半径(R)/修剪(T)/多个(M)]：r

指定圆角半径 <0.0000>：（输入圆角半径）

3．修剪（T）

命令：_fillet

当前设置：模式 = 修剪，半径 = 0.0000

选择第一个对象或 [放弃(U)/多段线(P)/半径(R)/修剪(T)/多个(M)]：t

输入修剪模式选项 [修剪(T)/不修剪(N)] <修剪>：（选择修剪模式）

4．多个（M）

命令：_fillet

当前设置：模式 = 修剪，半径 = 0.0000

选择第一个对象或 [放弃(U)/多段线(P)/半径(R)/修剪(T)/多个(M)]：m

选择第一个对象或 [放弃(U)/多段线(P)/半径(R)/修剪(T)/多个(M)]：（选择修剪对象）

★ 倒圆角操作示例——绘制如图 5-19a 所示底板的圆角。

1．先画出图 5-19b 中底板的矩形轮廓

2．再对底板的矩形轮廓倒圆角

单击菜单项："修改"→"圆角"命令。

命令：_fillet

当前设置：模式 = 修剪，半径 = 0.0000

选择第一个对象或 [放弃(U)/多段线(P)/半径(R)/修剪(T)/多个(M)]：r（选择参数 R）

指定圆角半径 <0.0000>：5（输入圆角半径）

选择第一个对象或 [放弃(U)/多段线(P)/半径(R)/修剪(T)/多个(M)]：(单击第 1 个直角边)

选择第二个对象，或按住〈Shift〉键选择要应用角点的对象：(单击第 2 个直角边)

完成第一个倒圆角，

重复上述操作，完成其余圆角的绘制。

倒圆角结果如图 5-19a 所示。

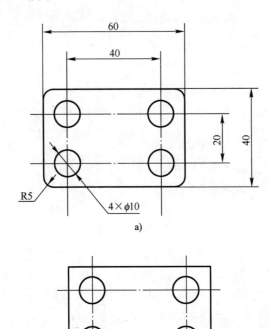

图 5-19　倒圆角示例

5.16　分解对象

在 AutoCAD 中，有许多组合对象，如块、矩形、正多边形、多段线、标注、多线、图案填充等。要对这些对象进行进一步的修改，需要将它们分解为单个的图形对象。

调用"分解"命令的方法如下。

1）功能区："常用"→"修改"→"分解"命令。

2）菜单项："修改"→"分解"命令。

3）命令行：EXPLODE/X。

系统提示如下。

命令：_explode

选择对象：（选择要分解的对象）

选择对象：（按〈Enter〉键结束选择或继续选择对象）

★ 分解对象操作示例。

94

图 5-20a 中的六边形、矩形、对象填充等均为整体对象，当单击图形上一点时，图形对象全部都被选择进来。而当其进行分解后，再单击其上一点时，只会选择被单击的对象，说明图形已被分解。图 5-20b 为分解后的对象。

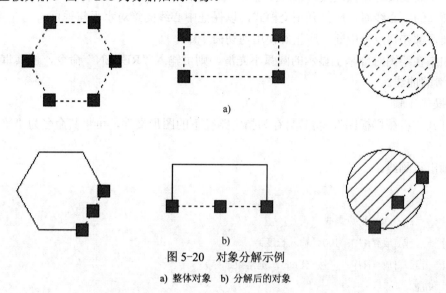

图 5-20　对象分解示例

a) 整体对象　b) 分解后的对象

5.17　实训——使用编辑命令绘制平面图形

■ 课堂练习

1. 绘制如图 5-21 所示简单平面图形

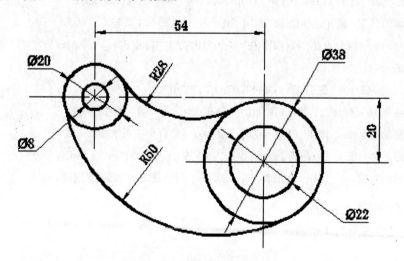

图 5-21　绘制简单平面图形示例

（1）绘图指导

1）首先分析哪些为已知线段、中间线段和连接线段。

2）按已知线段的尺寸先画出已知线段及圆。

3）画同心圆时应用目标捕捉，以保证同心。

4）画中间线段与连接线段时也应注意目标捕捉，以保证相切关系。

5）画圆的中心线时，应打开正交模式，以保证中心线的绝对水平与垂直。

6）圆弧都在切点处中断，应正确使用剪切命令。

7）如果在绘图时屏幕上显示的圆弧不光滑，则可输入"REGEN"命令，使其重生成，即得到光滑的曲线。

（2）操作步骤

1）打开"机械样板图"，将其另存为指定路径下的图形文件，可将其命名为"平面图形综合练习一"。

2）画出点画线。

命令：_line

指定第一点：（画水平点画线）

指定下一点或 [放弃(U)]：100（输入长度）

指定下一点或 [放弃(U)]：（按〈Enter〉键结束选择）

命令：_line

指定第一点：（画竖直点画线）

指定下一点或 [放弃(U)]：40（输入长度）

指定下一点或 [放弃(U)]：（按〈Enter〉键结束选择）

命令：_offset

当前设置：删除源=否 图层=源 OFFSETGAPTYPE=0

指定偏移距离或 [通过(T)/删除(E)/图层(L)] <54.0000>：54（输入偏移距离）

选择要偏移的对象，或 [退出(E)/放弃(U)] <退出>：（选择第 1 条竖直点画线）

指定要偏移的那一侧上的点，或 [退出(E)/多个(M)/放弃(U)] <退出>：（单击偏移方向）

命令：_offset

当前设置：删除源=否 图层=源 OFFSETGAPTYPE=0

指定偏移距离或 [通过(T)/删除(E)/图层(L)] <54.0000>：20（输入偏移距离）

选择要偏移的对象，或 [退出(E)/放弃(U)] <退出>：（选择第 1 条水平点画线）

指定要偏移的那一侧上的点，或 [退出(E)/多个(M)/放弃(U)] <退出>：（单击偏移方向）

选择要偏移的对象，或 [退出(E)/放弃(U)] <退出>：（按〈Enter〉键结束选择）

绘制结果如图 5-22a 所示。

3）画出尺寸齐全的 4 个圆。

命令：_circle

指定圆的圆心或 [三点(3P)/两点(2P)/切点、切点、半径(T)]：（捕捉Φ8 的圆心）

指定圆的半径或 [直径(D)] <50.0000>：4（输入半径）

命令：_circle

指定圆的圆心或 [三点(3P)/两点(2P)/切点、切点、半径(T)]：（捕捉Φ20 的圆心）

指定圆的半径或 [直径(D)] <4.0000>：10（输入半径）

命令：_circle

指定圆的圆心或 [三点(3P)/两点(2P)/切点、切点、半径(T)]：（捕捉Φ38 的圆心）

指定圆的半径或 [直径(D)] <10.0000>：19（输入半径）

命令：_circle

指定圆的圆心或 [三点(3P)/两点(2P)/切点、切点、半径(T)]：（捕捉Φ22 的圆心）

指定圆的半径或 [直径(D)] <19.0000>：11（输入半径）

绘制结果如图 5-22b 所示。

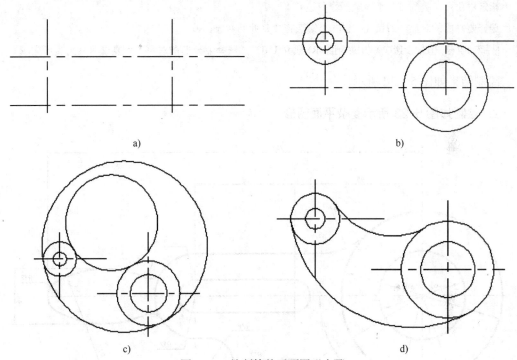

a)　　　　　　　　　　　　　　　b)

c)　　　　　　　　　　　　　　　d)

图 5-22　绘制简单平面图形步骤

a）绘制点画线　b) 绘制已知圆弧　c) 绘制连接圆弧　d) 修剪多余图线

4）画出两个连接圆弧。

命令：_circle

指定圆的圆心或 [三点(3P)/两点(2P)/切点、切点、半径(T)]：_ttr（选择切点－切点－半径方式）

指定对象与圆的第一个切点：（捕捉第 1 个切点）

指定对象与圆的第二个切点：（捕捉第 2 个切点）

指定圆的半径 <11.0000>：28（输入连接圆弧的半径）

命令：_circle

指定圆的圆心或 [三点(3P)/两点(2P)/切点、切点、半径(T)]：_ttr（选择切点－切点－半径方式）

绘制结果如图 5-22c 所示。

5）修剪多余图线。

绘制结果如图 5-22d 所示。

2．绘制如图 5-23 所示复杂平面图形

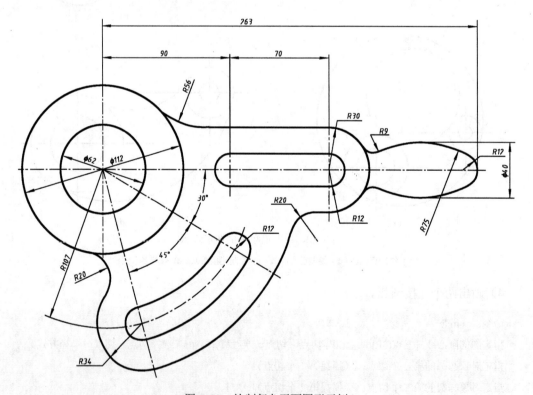

图 5-23　绘制复杂平面图形示例

（1）绘图指导

1）根据图示的定位尺寸画出所有的点画线。

2）根据定位尺寸和定形尺寸画出所有的已知线段（包括圆和圆弧）。

3）根据图示尺寸和辅助条件画出右半部分手柄的图线。

4）根据图示的定形尺寸画出所有的连接圆弧。

5）对图形进行修剪和整理，完成图形。

（2）操作步骤

1）打开"机械样板图"，将其另存为指定路径下的图形文件，可将其命名为"平面图形综合练习二"。

2）绘制主要点画线。

```
命令：_line
指定第一点：（任选一点，画水平点画线的左端点）
指定下一点或 [放弃(U)]：（画水平点画线的右端点）
指定下一点或 [放弃(U)]：（按〈Enter〉键结束）
命令：_line
指定第一点：（画最左边竖直点画线的上端点）
指定下一点或 [放弃(U)]：（画最左边竖直点画线的下端点）
指定下一点或 [放弃(U)]：（按〈Enter〉键结束）
```

3）绘制其他点画线。

```
命令：_offset
当前设置：删除源=否　图层=源　OFFSETGAPTYPE=0
指定偏移距离或 [通过(T)/删除(E)/图层(L)] <通过>：90
选择要偏移的对象，或 [退出(E)/放弃(U)] <退出>：
指定要偏移的那一侧上的点，或 [退出(E)/多个(M)/放弃(U)] <退出>：
选择要偏移的对象，或 [退出(E)/放弃(U)] <退出>：
命令：_offset
当前设置：删除源=否　图层=源　OFFSETGAPTYPE=0
指定偏移距离或 [通过(T)/删除(E)/图层(L)] <90.0000>：70
选择要偏移的对象，或 [退出(E)/放弃(U)] <退出>：
指定要偏移的那一侧上的点，或 [退出(E)/多个(M)/放弃(U)] <退出>：
选择要偏移的对象，或 [退出(E)/放弃(U)] <退出>：
命令：_line
指定第一点：
指定下一点或 [放弃(U)]：@150<-30
指定下一点或 [放弃(U)]：（按〈Enter〉键结束）
命令：_line
指定第一点：
指定下一点或 [放弃(U)]：@150<-75
```

指定下一点或 [放弃(U)]：（按〈Enter〉键结束）

4）绘制点划线圆弧。

命令：_circle
指定圆的圆心或 [三点(3P)/两点(2P)/切点、切点、半径(T)]：
指定圆的半径或 [直径(D)]: 107
命令：_break
选择对象：（选择第一个打断点）
指定第二个打断点或 [第一点(F)]：（选择第二个打断点）

绘制结果如图 5-24a 所示。

5）打断多余的圆弧。

命令：_break
选择对象：
指定第二个打断点或 [第一点(F)]：
命令：指定对角点：
命令：_chprop
找到 7 个

6）画出所有已知线段。

命令：_circle
指定圆的圆心或 [三点(3P)/两点(2P)/切点、切点、半径(T)]：
指定圆的半径或 [直径(D)] <107.0000>：31
命令：_circle
指定圆的圆心或 [三点(3P)/两点(2P)/切点、切点、半径(T)]：
指定圆的半径或 [直径(D)] <31.0000>：56
命令：_circle
指定圆的圆心或 [三点(3P)/两点(2P)/切点、切点、半径(T)]：from
基点：<偏移>：251
指定圆的半径或 [直径(D)] <56.0000>：12
命令：_circle
指定圆的圆心或 [三点(3P)/两点(2P)/切点、切点、半径(T)]：
指定圆的半径或 [直径(D)] <12.0000>：12
命令：_circle
指定圆的圆心或 [三点(3P)/两点(2P)/切点、切点、半径(T)]：
指定圆的半径或 [直径(D)] <12.0000>：12
命令：_circle
指定圆的圆心或 [三点(3P)/两点(2P)/切点、切点、半径(T)]：

指定圆的半径或 [直径(D)] <12.0000>：34

命令：_circle

指定圆的圆心或 [三点(3P)/两点(2P)/切点、切点、半径(T)]：

指定圆的半径或 [直径(D)] <34.0000>：12

命令：_circle

指定圆的圆心或 [三点(3P)/两点(2P)/切点、切点、半径(T)]：

指定圆的半径或 [直径(D)] <12.0000>：12

命令：_circle

指定圆的圆心或 [三点(3P)/两点(2P)/切点、切点、半径(T)]：

指定圆的半径或 [直径(D)] <12.0000>：30

命令：_circle

指定圆的圆心或 [三点(3P)/两点(2P)/切点、切点、半径(T)]：

指定圆的半径或 [直径(D)] <30.0000>：

结果如图 5-24b 所示。

7）打断多余的圆弧。

命令：_break

选择对象：

指定第二个打断点或[第一点(F)]：

8）画出 R75 圆弧的圆心。

命令：_offset

当前设置：删除源=否　图层=源　OFFSETGAPTYPE=0

指定偏移距离或 [通过(T)/删除(E)/图层(L)] <70.0000>：55

选择要偏移的对象，或[退出(E)/放弃(U)] <退出>：

指定要偏移的那一侧上的点，或 [退出(E)/多个(M)/放弃(U)] <退出>：

选择要偏移的对象，或[退出(E)/放弃(U)] <退出>：

指定要偏移的那一侧上的点，或 [退出(E)/多个(M)/放弃(U)] <退出>：

选择要偏移的对象，或[退出(E)/放弃(U)] <退出>：

命令：_circle

指定圆的圆心或[三点(3P)/两点(2P)/切点、切点、半径(T)]：

指定圆的半径或 [直径(D)] <141.0000>：63

结果如图 5-24c 所示。

9）画出 R75 圆弧。

命令：_circle

指定圆的圆心或 [三点(3P)/两点(2P)/切点、切点、半径(T)]：

指定圆的半径或 [直径(D)] <63.0000>：75

命令：_circle

指定圆的圆心或 [三点(3P)/两点(2P)/切点、切点、半径(T)]:

指定圆的半径或 [直径(D)] <75.0000>: 75

命令：_trim

当前设置：投影=UCS 边=无

选择剪切边...

选择对象或 <全部选择>: 找到 8 个

指定对角点：

选择要修剪的对象，或按住〈Shift〉键选择要延伸的对象，或

[栏选(F)/窗交(C)/投影(P)/边(E)/删除(R)/放弃(U)]: U

10）画出连接圆弧。

命令：_circle

指定圆的圆心或 [三点(3P)/两点(2P)/切点、切点、半径(T)]: _ttr

指定对象与圆的第一个切点：

指定对象与圆的第二个切点：

指定圆的半径 <75.0000>: 56

命令：_circle

指定圆的圆心或 [三点(3P)/两点(2P)/切点、切点、半径(T)]: _ttr

指定对象与圆的第一个切点：

指定对象与圆的第二个切点：

指定圆的半径 <56.0000>: 9

命令：_circle

指定圆的圆心或 [三点(3P)/两点(2P)/切点、切点、半径(T)]: _ttr

指定对象与圆的第一个切点：

指定对象与圆的第二个切点：

指定圆的半径 <56.0000>: 20

命令：_circle

指定圆的圆心或 [三点(3P)/两点(2P)/切点、切点、半径(T)]:

指定圆的半径或 [直径(D)] <20.0000>:

命令：_circle

指定圆的圆心或 [三点(3P)/两点(2P)/切点、切点、半径(T)]: _ttr

指定对象与圆的第一个切点：

指定对象与圆的第二个切点：

指定圆的半径 <20.0000>: 9

命令：_circle

指定圆的圆心或 [三点(3P)/两点(2P)/切点、切点、半径(T)]: _ttr

指定对象与圆的第一个切点:

指定对象与圆的第二个切点:

指定圆的半径 <9.0000>: 9

结果如图 5-24d 所示。

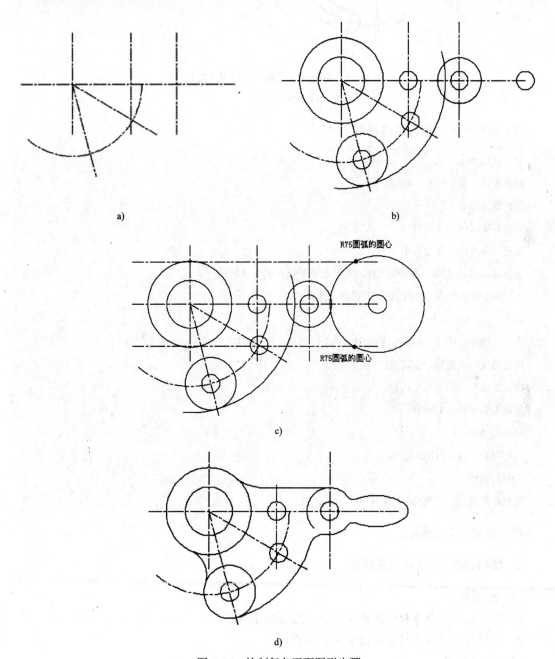

a)　　　　　　　　　　　　b)

R75圆弧的圆心

R75圆弧的圆心

c)

d)

图 5-24　绘制复杂平面图形步骤

a) 画主要点画线　b) 画已知圆弧　c) 画 R75 圆弧的圆心　d) 画连接圆弧

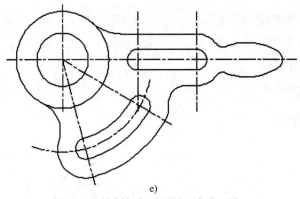

e)

图 5-24 绘制复杂平面图形步骤（续）

e) 修剪整理图形

11）修剪整理图形，完成作图。

命令：_trim

当前设置：投影=UCS 边=无

选择剪切边...

选择对象或 <全部选择>：

指定对角点：找到 23 个

选择要修剪的对象，或按住〈Shift〉键选择要延伸的对象，或

[栏选(F)/窗交(C)/投影(P)/边(E)/删除(R)/放弃(U)]：

命令：_circle

指定圆的圆心或 [三点(3P)/两点(2P)/切点、切点、半径(T)]：_ttr

指定对象与圆的第一个切点：

指定对象与圆的第二个切点：

指定圆的半径 <9.0000>：34

命令：_trim

当前设置：投影=UCS 边=无

选择剪切边...

选择对象或 <全部选择>：找到 1 个

结果如图 5-24e 所示。

3. 绘制如图 5-25 所示三视图

（1）绘图指导

1）用绘制直线命令和输入距离的方式绘制出主视图。

2）根据对象追踪工具绘制俯视图和左视图。

（2）绘图步骤

1）绘制主视图的轮廓线，如图 5-26a 所示。

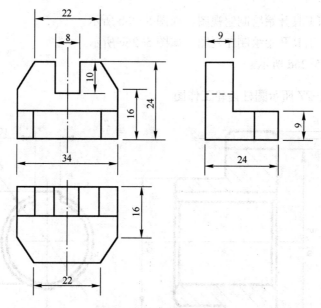

图 5-25　绘制三视图示例

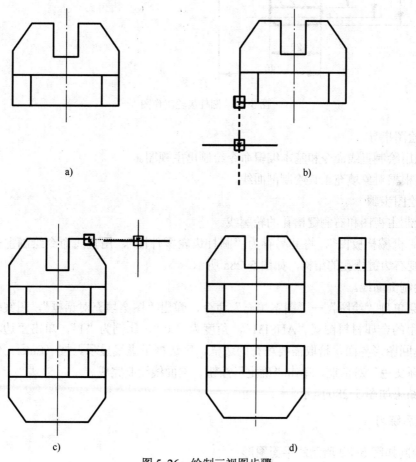

图 5-26　绘制三视图步骤

a) 绘制主视图　　b) 用对象追踪工具绘制俯视图　　c) 用对象追踪工具绘制左视图　　d) 绘制完成

2）用对象追踪工具开始绘制俯视图，如图5-26b所示。

3）用对象追踪工具开始绘制左视图，如图5-26c所示。

绘图结果如图5-26d所示。

4. 绘制如图5-27所示圆柱齿轮工作图

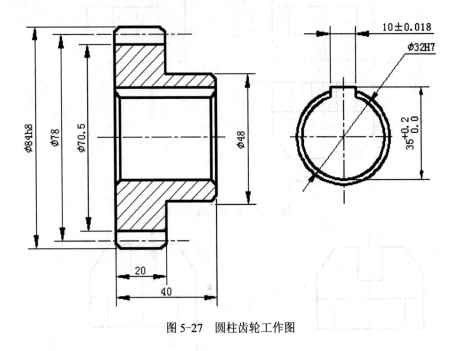

图5-27　圆柱齿轮工作图

（1）绘图指导

1）先用绘制直线命令和基本编辑命令绘制出主视图。

2）再根据对象填充工具绘制剖面线。

（2）绘图步骤

1）绘制主视图和右侧键槽孔的轮廓线。

打开"机械样板图"，将其另存为"圆柱齿轮零件图"，用直线命令绘制主视图的轮廓线，再绘制右边键槽孔的结构，如图5-28a所示。

2）绘制剖面线。

单击菜单项"绘图"→"图案填充"命令，弹出"图案填充对话框"，图案代号选择机械零件常用的金属材料图案"ANSI31"，角度为"0"，比例为"1"，单击"边界"→"拾取点"，返回图形界面，拾取需要填充的边框，则边框呈虚线显示。按〈Enter〉键返回"图案填充和渐变色"对话框，单击"确定"按钮，剖面线绘制完成。

绘图结果如图5-28b所示。

■ 课后练习

1. 绘制如图5-29所示的平面图形

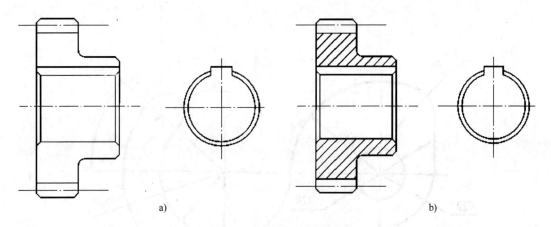

图 5-28　圆柱齿轮绘图步骤

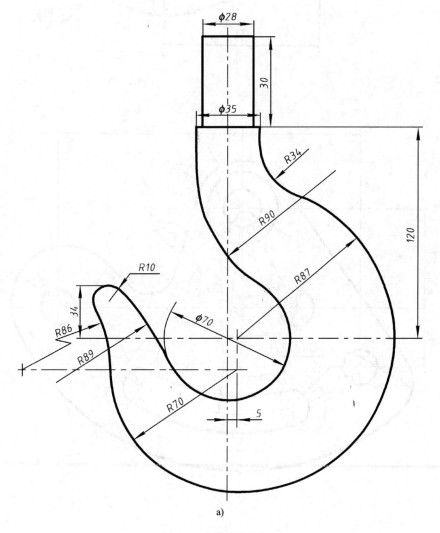

a)

图 5-29　平面图形练习

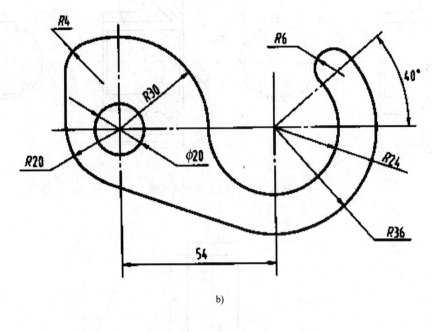

b)

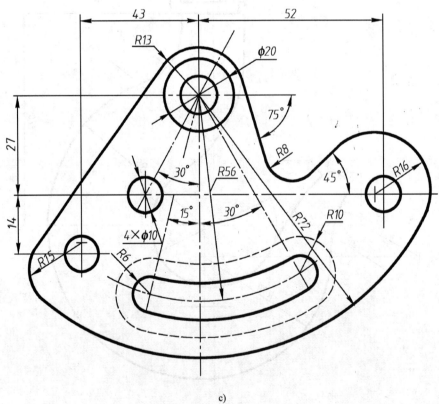

c)

图 5-29 平面图形练习（续）

2. 绘制如图 5-30 所示的三视图

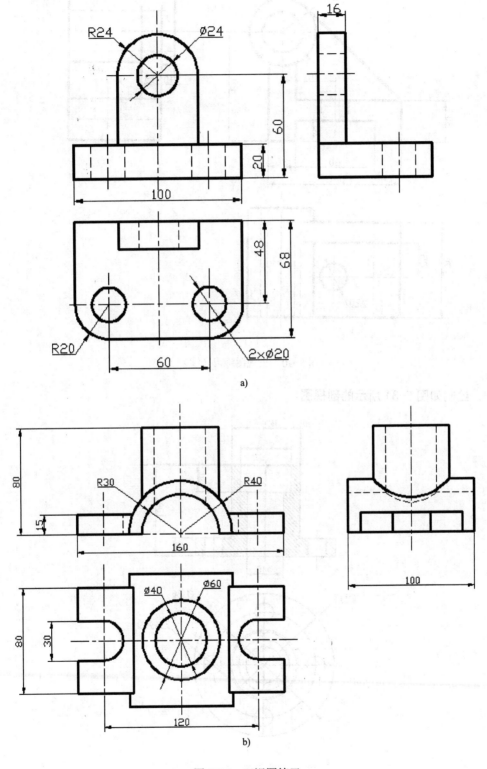

a)

b)

图 5-30 三视图练习

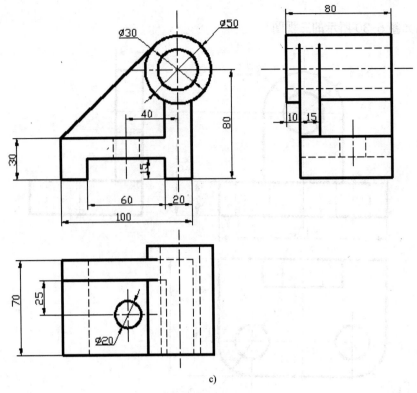

c)

图 5-30　三视图练习（续）

3．绘制如图 5-31 所示的剖视图

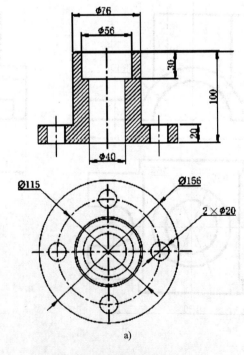

a)

图 5-31　剖视图练习

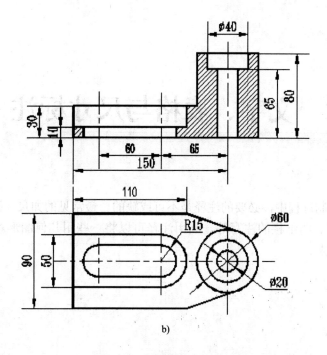

b)

图 5-31　剖视图练习（续）

第6章 文字、表格与尺寸标注

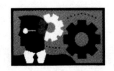

在机械图样绘制过程中，必要的注释是不可或缺的。最常见的如尺寸标注、公差标注、技术要求、标题栏、明细栏的注写等。利用注释可以将一些用几何图形难以表达的信息清楚、准确地表示出来。

6.1 文字

6.1.1 设置文字样式

为了使用方便，设计人员可预先定义当前图形所用的文字样式，也可以用 AutoCAD 默认的文字样式进行标注。

1. 操作步骤

1）在菜单栏单击"注释"→"文字样式"命令，打开"文字样式"对话框。

2）单击"新建"按钮，打开"新建文字样式"对话框。输入文字样式名，单击"确定"按钮，返回"文字样式"对话框。

3）在"字体名"下拉列表框中选择字体；在"高度"文本框中输入文字高度；在"宽度因子"文本框中输入宽度比例，其他选项使用默认值。

4）单击"应用"按钮，完成创建。

5）单击"关闭"按钮，退出"文字样式"对话框，结束命令。

"文字样式"对话框如图 6-1 所示。

2. 选项说明

（1）设置文字字体

"文字样式"对话框中"字体"选项组下的"字体名"下拉列表框中主要有两大类字体，一类为后缀名为 shx 的 SHX 字体，另一类为非 SHX 字体，工程人员可指定任一种字体类型使用。现在的很多设计单位，通常要使用专门的大型图纸打印设备，因此仍然在使用大字体汉字。这时可选 SHX 字体，否则可选非 SHX 字体。图 6-2 为机械图样中常用的仿宋字体。

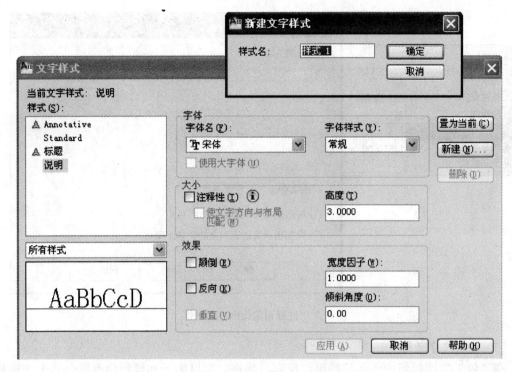

图 6-1 "文字样式"对话框

技术要求
1.调质220~250HBS。
2.齿面淬火50~55HRC。
3.锐角打毛刺。

图 6-2 仿宋字体示例

（2）设置文字大小

在"大小"选项组中可对字体的大小进行注释性设置和高度设置。在"高度"文本框中输入数值设置文字的高度，AutoCAD 2010 中默认的字体高度为 0，如果不对文字高度进行设置，在每次文本输入时将出现要求输入字体高度的提示，而设置后将没有这样的提示。

当选中"注释性"复选框时，将启用注释性设置。用户就可以在不同尺寸的图形对象上按对象或样式打开注释性特性，并设置布局或模型视口的注释比例。在对图形进行添加注释性对象前将注释比例设置为与图形对象视口比例相同，则在打印时注释性文本将以正确的大小在图纸上打印出来。在添加注释性对象时将弹出"注释对象比例"对话框，输入要设置的比例，单击"确定"按钮完成设置，如图 6-3 所示。

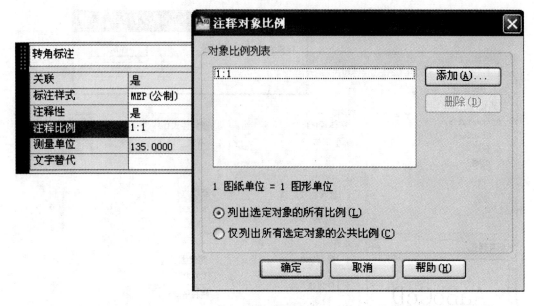

图 6-3 "注释对象比例"对话框

（3）设置文字效果

在"效果"选项组中，包括颠倒、反向、垂直、宽度因子和倾斜角度等。其中在选择 TRUE TYPE 字体（非 SHX 字体）时，垂直定位效果不能用，只有在选择 SHX 字体时，垂直定位效果才可以用。在选中"颠倒"、"反向"或"垂直"复选框后，即可完成相应的文字效果，如图 6-4 所示。

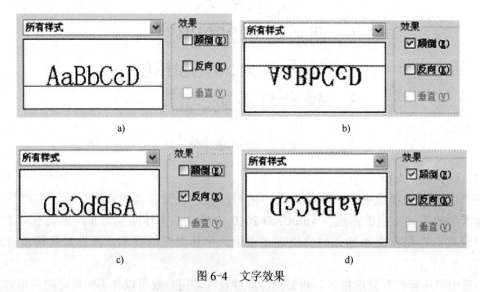

图 6-4 文字效果

a) 默认效果 b) 颠倒效果 c) 反向效果 d) 颠倒反向效果

在"宽度因子"文本框中输入小于 1 的数值时，将压缩文字；当输入大于 1 的数值时，将扩大文字。在"倾斜角度"文本框中输入-85～85 之间的数值时，才对放置文字的倾斜度有效，才能使文字倾斜。

6.1.2　标注单行文字

对于不需要多种字体或多行输入的简短内容，通常采用单行文本创建的方法，如剖面位置、尺寸标注、标题栏等的注释。每一个单行文本工具所创建的文本对象都是作为一个对象的，可以在绘图区任意地方创建，然后移动到所需要添加的位置。

调用"单行文字"命令的方法如下。

1）功能区："常用"→"注释"→"单行文字"命令。

2）菜单项："绘图"→"文字"→"单行文字"命令。

3）命令行：DTEXT/DT。

系统提示如下。

> 命令：_dtext
>
> 当前文字样式："说明"文字高度：3.0000　注释性：是
>
> 指定文字的起点或[对正(J)/样式(S)]：（指定文字的起点或选项）
>
> 指定文字的旋转角度<0>：（指定文字的旋转角度值）
>
> 输入文字：（输入文字内容）
>
> 输入文字：（输入文字内容或按〈Enter〉键结束）

6.1.3　标注多行文字

当需要在图纸上添加多字体样式的、复杂的或文字较多的文本内容时，如工艺条件、技术要求等内容，则要采用"多行文字"工具来添加文本。多行文本类似于常见的段落形式，在使用上比单行文本更易于管理，但和单行文本一样，多行文本也是作为一个整体对象来执行操作的。

调用"多行文字"命令的方法如下。

1）功能区："常用"→"注释"→"多行文字"命令。

2）菜单项："绘图"→"文字"→"多行文字"命令。

2）命令行：MTEXT/MT。

系统提示如下。

> 命令：_mtext
>
> 指定第一角点：（指定多行文字框的第 1 个角点位置）
>
> 指定对角点或[高度(H)/对正(J)/行距(L)/旋转(R)/样式(S)/宽度(W)/栏（C）]：（指定对角点或选项）
>
> 对角点可以拖动鼠标来确定。两对角点形成的矩形框作为文字行的宽度，以第 1 个角点作为矩形框的起点，并打开"多行文字编辑器"，如图 6-5 所示，此时输入文本即可。

6.1.4　编辑文字

文字输入的内容和样式不可能一次就达到用户要求，也需要进行反复调整和修改。此时就需要在原有文字基础上对文字对象进行编辑处理。

AutoCAD 提供了两种对文字进行编辑修改的方法，一种是文字编辑(DDEDIT)命令，另外就是"特性"工具。

图 6-5　多行文字编辑器

1. 编辑单行文字

1）在位编辑单行文字是最便捷的方法，双击需要编辑的单行文字，直接在上面进行编辑即可。

2）如需修改其他的文字特性，可开启状态栏上的"快捷特性"工具。也就是说单击需要编辑的文字，此时系统弹出"快捷特性"工具选项板，可在选项板中对文字的特性直接进行修改。"快捷特性"工具选项板如图 6-6 所示。

文字	
图层	0
内容	技术要求
样式	说明
注释性	否
对正	左对齐
高度	3.0000
旋转	0.00

图 6-6　"快捷特性"工具选项板

3）选择文字对象。在鼠标右键快捷菜单中选择"特性"选项，弹出"特性"选项板，如图 6-7 所示。在这里不但可以修改文字的内容、文字样式、注释性、高度、旋转、宽度比例、倾斜、颠倒、反向等文字样式管理器里的全部项目，而且连颜色、图层、线型等基本特性也可以在这里修改。

2. 编辑多行文字

在多行文字上双击，AutoCAD 2010 将弹出"文字编辑器"功能面板，如图 6-8 所示。在这里可以像 Word 等字处理软件一样对文字的字体、字高、加粗、斜体、下画线、颜色、堆叠样式、文字样式，甚至是段落、缩进、制表符、分栏等特性进行编辑，编辑完成后只需单击"确定"按钮即可。

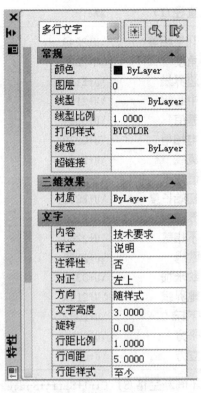

图 6-7 "特性"选项板

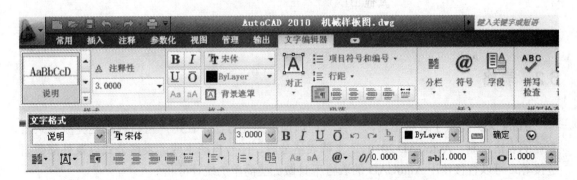

图 6-8 "文字编辑器"功能面板

在 AutoCAD 中输入文字的时候，常会遇到一些特殊的工程符号不能直接从键盘键入。"文字编辑器"里的"符号"按钮可以帮助我们直接输入这样的符号，如图 6-9 所示。也可采用图中的控制码来实现符号的输入。

度数(D)	%%d
正/负(P)	%%p
直径(I)	%%c

几乎相等	\U+2248
角度	\U+2220
边界线	\U+E100
中心线	\U+2104
差值	\U+0394
电相角	\U+0278
流线	\U+E101
恒等于	\U+2261
初始长度	\U+E200
界碑线	\U+E102
不相等	\U+2260
欧姆	\U+2126
欧米加	\U+03A9
地界线	\U+214A
下标 2	\U+2082
平方	\U+00B2
立方	\U+00B3

| 不间断空格(S) | Ctrl+Shift+Space |

其他(O)...

图 6-9 "符号"按钮菜单

6.2 表格

　　AutoCAD 提供了表格工具，一改以往烦琐的绘制方法，让用户可以轻松地完成复杂、专业的表格绘制。AutoCAD 2010 还支持表格分段、序号自动生成、表格公式以及外部数据链接等。可以直接使用 AutoCAD 的表格工具做一些简单的统计分析。

6.2.1 创建表格

　　创建表格对象时，首先要创建一个空表格，然后在表格的单元格内添加内容。在创建空表格之前先要进行表格样式的设置。

　　单击菜单项"注释"→"表格"命令，弹出"表格样式"对话框，如图 6-10 所示。单击"新建"按钮弹出"创建新的表格样式"选项板，命名后弹出"新建表格样式：明细栏"对话框，如图 6-11 所示，输入所需内容后按"确定"按钮完成表格创建。

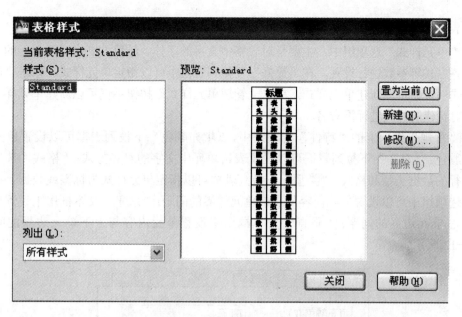

图 6-10 "表格样式"对话框

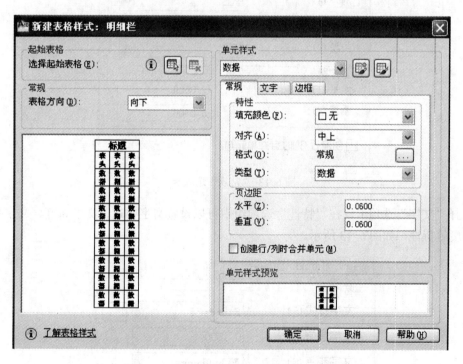

图 6-11 "新建表格样式：明细栏"对话框

（1）设置表格方向

在"表格方向"下拉列表中可以设置表格的显示方向。如果选择"向下"选项，则将创建由上而下读取的表格，标题行和列标题行位于表格的顶部。反之则将创建由下而上读取的表格，标题行和列标题行位于表格的底部。

（2）设置单元样式

在"单元样式"选项组中，主要是对表格中文字的字体、颜色、高度以及单元的填充颜色和对齐方式等参数进行设置。在"数据"下拉列表框中可以指定单元样式，单击"创建新单元样式"按钮可以新建单元样式，单击"管理单元样式"按钮不仅可以新建单元样式，而且可以对新建的样式进行重命名。

在"常规"选项卡的"特性"选项组中，"填充颜色"下拉列表框可以设置单元表格的填充颜色；"对齐"下拉列表框可以设置表格单元中文字的对齐方式；"格式"选项可以设置各行的数据类型和格式；"类型"下拉列表框可以指定单元样式为标签或数据。在"页边距"选项组中可以设置单元内容与表格单元边界的间距；"水平"文本框用来设置单元内容与左右单元边界的间距；"垂直"文本框用来设置单元内容与上下单元边界的间距，如图 6-12 所示。

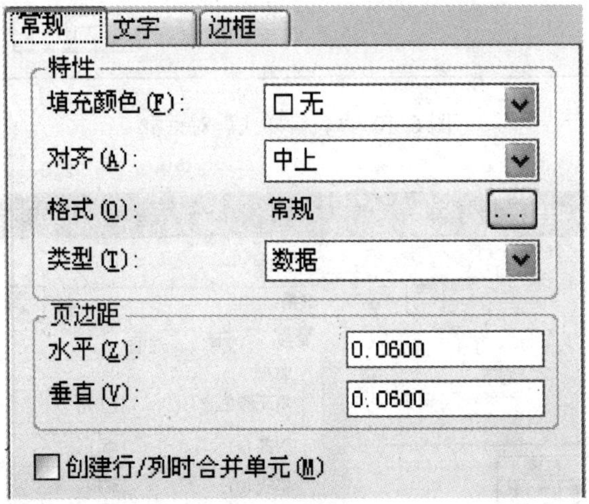

图 6-12 "常规"选项卡

选择"文字"选项卡，在"特性"选项组中可以设置文字样式、文字高度、文字颜色和文字角度等特性，如图 6-13 所示。

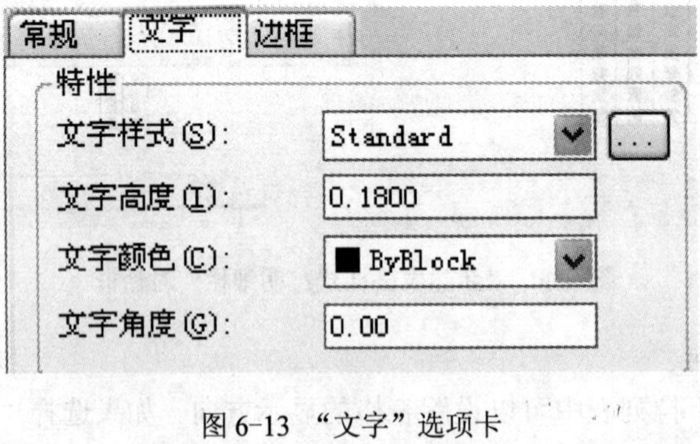

图 6-13 "文字"选项卡

选择"边框"选项卡，在"特性"选项组中可以设置边框的线宽、线型和颜色等，如图 6-14 所示。

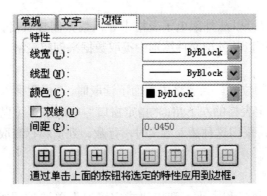

图 6-14 "边框" 选项卡

6.2.2 插入表格

单击 "注释" 面板上的 "表格" 按钮,打开 "插入表格" 对话框,如图 6-15 所示。下面将对各个选项组和对应的选项进行介绍。

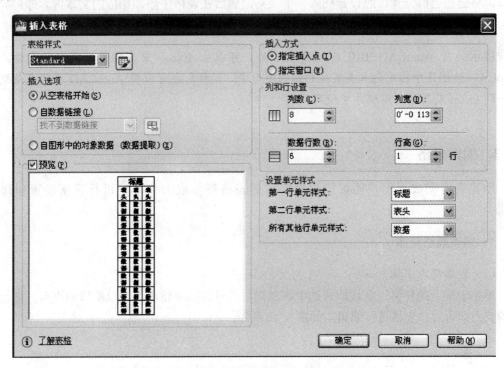

图 6-15 "插入表格" 对话框

(1)表格样式

在需要创建表格的当前图形中选择表格样式。单击下拉列表框旁边的 按钮,用户可以根据前面所讲的方法创建新表格样式并应用于当前的对话框。

(2)插入选项

用来指定插入表格的方式。"从空表格开始" 单选按钮创建可以手动填充数据的空表格;

"自数据链接"单选按钮可以从外部电子表格中导入数据创建表格;"自图形中的对象数据（数据提取）"单选按钮可以从外部文件图形中提取数据来创建表格。

（3）插入方式

用来指定插入表格的位置。当表格由上而下读取时,"指定插入点"单选按钮是指定表格的左上角,反之则指定表格的左下角;"指定窗口"单选按钮可以通过指定两个对角点来确定表格的大小和位置,采用这种插入方式时,行数、列宽和行高取决于窗口的大小以及列和行的设置。

（4）列和行设置

用来设置列和行的数目和大小。选中"指定窗口"单选按钮时,"列宽"和"数据行数"将选定为"自动"。

（5）设置单元样式

对于不包含起始表格的表格样式,可以指定新表格中行的单元格式。AutoCAD 2010 默认情况下,系统均以"从空表格开始"方式插入表格。

完成以上各个参数的设置后,单击"确定"按钮,在绘图区根据提示指定插入点或插入窗口,将会在当前位置按照设置插入一个表格,然后在表格中添加相应的文本内容即可完成表格的创建。

提示:在 AutoCAD 2010 中创建表格时,可以从 Excel 中直接复制选定的表格,在 AutoCAD 绘图区中指定插入点直接粘贴到图形中。同样,也可以将 AutoCAD 中的表格数据输出到 Excel 或其他应用程序中使用。

6.2.3　编辑表格

创建表格完成后用户还可以根据需要对表格整体或表格单元进行重新设置和修改编辑。

1.　编辑表格整体

（1）表格夹点工具

单击表格上的任何一条线即可选中该表格,同时表格上将出现用以编辑的夹点,拖动相应的夹点即可对该表格进行编辑,如图 6-16 所示。

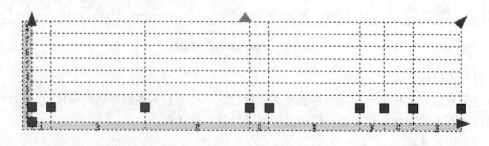

图 6-16　表格夹点工具

使用夹点修改表格中单元的步骤：

✧ 如果要修改选定表格单元的行高，可以拖动顶部或底部的夹点。

✧ 如果要修改选定单元的列宽，可以拖动左侧或右侧的夹点。如果选中多个单元，每列的列宽将做同样的修改。

✧ 如果要合并选定的单元，同时单击鼠标右键打开相应的快捷菜单，选择"合并单元"命令即可。如果选择了多个行或列中的单元，可以按行或按列合并。

✧ 按〈Esc〉键可以删除选择。

（2）表格右键菜单

当选中整个表格时，单击鼠标右键将弹出表格对象的快捷菜单；当选中单个或多个单元表格时，右击将弹出单元表格的快捷菜单。利用弹出的菜单可以对表格进行复制、移动、合并单元、缩放、添加行或列等操作，右键菜单部分内容如图 6-17 所示。

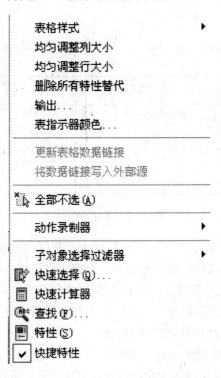

图 6-17　表格右键菜单（部分内容）

2．添加数据

创建表格完成后，系统会自动加亮第一个表格单元，此时可以开始输入文字，而且单元的行高会随着文字的高度而改变。按〈Tab〉键进入下一个单元或使用方向键向上、向下、向左和向右移动选择单元，在选中单元后按〈F2〉键或双击鼠标可以编辑文字内容，如图 6-18 所示。

★ 绘制表格操作实例——绘制如图 6-19 所示的零件明细栏。

明细栏的绘制一般在标题栏上方或紧挨标题栏左边依次往右排，内容一般由序号、代号、名称、数量、材料、重量和备注等组成。操作步骤如下：

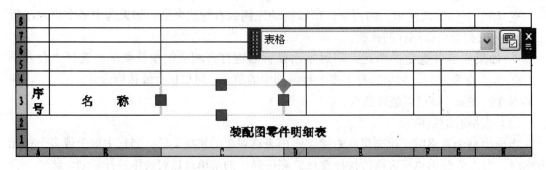

图 6-18　添加表格数据

8	40	44	8	38	10	12	20
6	D6	弹簧垫圈	1	GB/T93—1987			65Mn
5	D5	左端盖	1				HT200
4	D4	圆柱销A6×18	4	GB/T119—2000			45
3	D3	螺钉M16	12	GB/T70—2000			35
2	D2	传动齿轮	1	m=2.5, z=9			45
1	D1	传动齿轮轴	1	m=2.5, z=9			45
序号	代号	名称	数量	备注	单件	共计	材料
					重量		

图 6-19　零件明细栏

1）单击"注释"面板上的"表格样式"按钮，打开"表格样式"对话框。单击"新建"按钮，创建"明细栏"表格样式，将打开"新建表格样式：明细栏"对话框。

2）在"新建表格样式：明细栏"对话框中的"常规"选项组中设置"表格方向"为"向上"；在"单元样式"选项组的"常规"选项卡中设置"对齐"为"正中"，在"页边距"选项组中设置"水平"和"垂直"均为0.5。

3）选择"单元样式"选项组中的"文字"选项卡，然后单击"文字样式"按钮，打开"文字样式"对话框。与前面所讲的文字样式设置方法相同，分别设置字体为"仿宋"，宽度因子为0.7，并将该文字样式置为当前，然后设置文字高度为4，其余设置保持默认，关闭对话框。将"明细栏"表格样式置为当前。

4）单击"注释"面板上的"表格"按钮，打开"插入表格"对话框。设置列数为8，列宽为22.5，数据行数为6行，行高为1行，并在"设置单元样式"选项组中分别设置第一行和第二行及所有其他行单元样式为"数据"，如图6-20所示。

5）单击"确定"按钮，命令行提示"指定插入点"，捕捉标题栏左上角定点为插入点放置明细栏，如图6-21所示。

图 6-20　设置"插入表格"对话框表格参数

图 6-21　指定标题栏上定点为插入点

6）按〈Esc〉键退出表格文本编辑状态。选中表格的第一列,单击鼠标右键,在右键菜单中单击"特性"选项,在"特性"对话框中将"单元宽度"改为 8,用相同的方法调整表格的各列宽度,尺寸如图 6-22 所示。

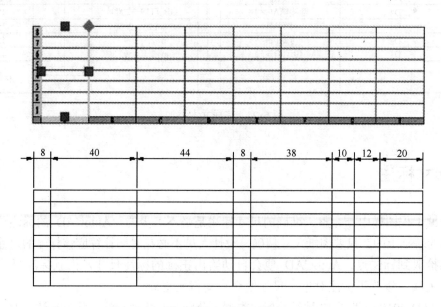

图 6-22　调整各列宽度

7）单击光标选中如图 6-23a 所示的两个单元表格，单击"表格单元"选项卡中的"合并单元"按钮，在弹出的下拉列表中单击"合并全部"按钮，依次将其余表头进行合并，合并效果如图 6-23b 所示。

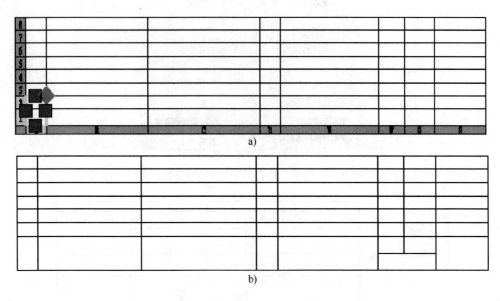

图 6-23　合并单元表格

8）单击鼠标选取左下角单元表格，按〈F2〉键或双击鼠标进行文字输入，通过方向键将文本框移动到其他单元表格完成文本的添加。文本添加效果如图 6-24 所示，结束表格绘制。

6	D6	弹簧垫圈	1	GB/T/93—1987			65Mn
5	D5	左端盖	1				HT200
4	D4	圆柱销A6×18	4	GB/T119—2000			45
3	D3	螺钉M16	12	GB/T70—2000			35
2	D2	传动齿轮	1	m=2.5, z=9			45
1	D1	传动齿轮轴	1	m=2.5, z=9			45
序号	代　号	名　称	数量	备　注	单件	共计	材料
					重量		

图 6-24　完成文本添加

6.3　尺寸标注

在机械工程图样中，完整、准确的尺寸标注是必不可少的。AutoCAD 的标注是建立在精确绘图的基础上的。只要图纸尺寸精确，设计人员不必花时间计算应该标注的尺寸，只需要准确地拾取到标注点，AutoCAD 便会自动给出正确的标注尺寸，而且标注尺寸和被标注对象相关联，修改了标注对象，尺寸便会自动得到更新。

AutoCAD 2010 提供了 12 种尺寸标注类型，分别为：快速标注、线性标注、对齐标注、坐标标注、半径标注、直径标注、角度标注、基线标注、连续标注、引线标注、公差标注、圆心标注，在"标注"菜单和"标注"工具面板中列出了尺寸标注的类型，如图 6-25 所示。

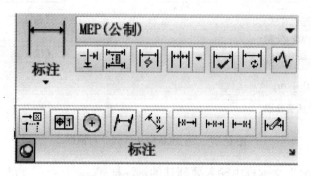

图 6-25 "标注"工具面板

6.3.1 标注样式管理器的设置

在机械设计过程中，单一的标注样式往往不能满足各类尺寸标注的要求，这就需要用户预先定义新的尺寸样式，包括设置标注直线、箭头、文字、单位和公差等参数。

1. 新建标注样式

1）在"注释"选项卡中，单击"标注"面板上的"标注样式"按钮 ，打开"标注样式管理器"对话框，如图 6-26 所示。

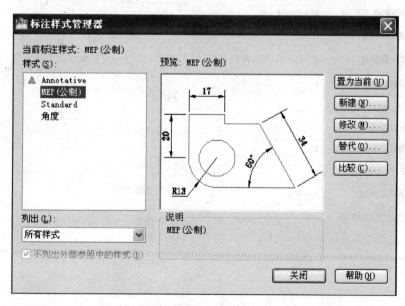

图 6-26 "标注样式管理器"对话框

2）单击"新建"按钮，打开"创建新标注样式"对话框，如图 6-27 所示。

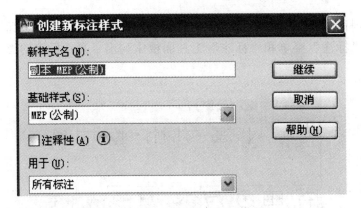

图 6-27　"创建新标注样式"对话框

3）在"新样式名"文本框中输入要新建的标注样式。

4）在"基础样式"下拉列表框中选择新建标注样式基于的样式。如果选中"注释性"复选框，则新建的标注样式具有注释性功能，这种样式的尺寸标注可以自动调整其显示比例。

5）在"用于"下拉列表框中选择新建样式标注类型，最后单击"继续"按钮，弹出"新建标注样式：副本 MEP（公制）"对话框，如图 6-28 所示。

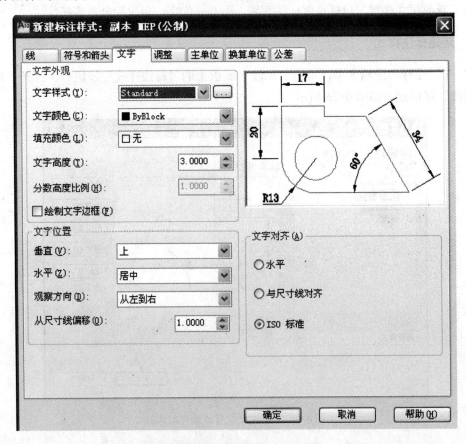

图 6-28　"新建标注样式：副本 MEP（公制）"对话框

在该对话框中，可以设置新标注样式的各个参数，下面将以常用标注为例分别进行介绍。

1）设置尺寸线和延伸线。选择"线"选项卡，在"尺寸线"选项组中，可以设置尺寸线的颜色、线型、线宽、基线间距和是否隐藏尺寸线等参数；"延伸线"选项组中可以设置延伸线的颜色、线型、线宽、超出尺寸线长度、起点偏移量和是否隐藏延伸线等参数，如图 6-29 所示。

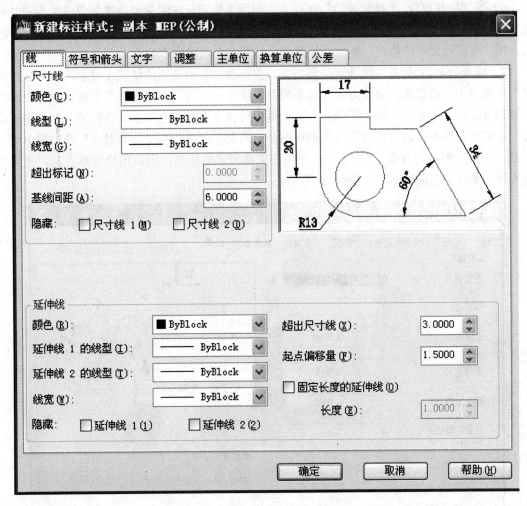

图 6-29　设置"尺寸线"和"延伸线"

2）设置符号和箭头。选择"符号和箭头"选项卡，在"箭头"选项组中设置标注箭头的样式和大小；在"圆心标记"选项组中，主要用来控制直径标注和半径标注的圆心标记和中心线的外观，"无"指不创建圆心标记或中心线，"标记"指创建圆心标记，"直线"指创建中心线。

3）设置文字效果。选择"文字"选项卡，在"文字外观"选项组中可以设置文字样式、文字颜色、填充颜色、文字高度和是否绘制文字边框等参数。

4）调整标注样式。选择"调整"选项卡，在该选项卡中可以调整标注文字、箭头、引线和尺寸线的放置。"调整选项"选项组用来控制基于延伸线之间可用空间的文字和箭头的位置；"文字位置"设置标注文字从默认位置（由标注样式定义的位置）移动时的位置；"标注特征比例"设置全局标注比例值或图纸空间比例，如果启用了注释性，则标注比例将随适用的图纸大小而显示；"优化"提供了旋转标注文字的其他选项，用户可根据需要设置。

5）设置主单位。在"主单位"选项卡中可设置线性标注和角度的单位格式、精度和消零等参数，而且可以设置线性标注的比例因子、前缀和后缀等。

6）设置换算单位。"换算单位"选项卡主要用来指定标注测量值中换算单位的显示并设置其格式和精度。当启用"显示换算单位"时，"换算单位"选项卡中的所有选项组都将启用，用户可以设置单位格式、精度、换算单位倍数和舍入精度等参数。

7）设置公差。"公差"选项卡主要用来设置标注文字中公差的格式及显示。在"公差格式"选项组中，可以选择公差方式如极限偏差、极限尺寸等，在"精度"下拉列表框中选择公差精度，在"上偏差"和"下偏差"微调框中可以分别输入上偏差和下偏差，在"垂直位置"下拉列表框中可以设置对称公差和极限公差的文字对正，在"公差对齐"选项组中可以控制上下偏差的对齐方式，"消零"选项组与前面所讲的相同。当启用换算单位时，还可以设置换算单位公差的精度，如图 6-30 所示。

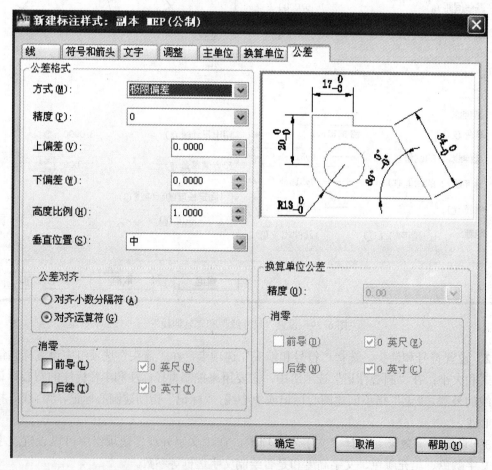

图 6-30 "公差"选项卡设置

设置完成后，单击"确定"按钮，返回"标注样式管理器"对话框，并在"样式"列表框中显示新尺寸标注样式。

2．修改标注样式

在机械产品设计过程中，如果标注样式不符合生产要求，就需要及时对标注样式进行修改。

打开"标注样式管理器"对话框，选取要修改的标注样式，然后单击对话框中的"修改"按钮，按照前面所讲的新建标注样式的方法对各参数进行修改。单击"替代"按钮可以设置当前标注样式的临时替代值，所打开的对话框与新建标注样式相同，但替代将作为未保存的更改结果显示在"样式"列表中。单击"比较"按钮可以比较两个标注样式的异同或列出某一个标注样式的所有特性。

6.3.2 基本尺寸标注

基本尺寸标注主要包括线性标注、对齐标注、基线标注、连续标注、角度标注、径向尺寸标注和折弯标注等。"尺寸标注"工具菜单如图 6-31 所示。图 6-32 为各种基本尺寸标注示例。

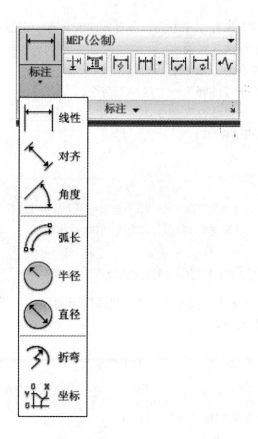

图 6-31 "尺寸标注"工具菜单

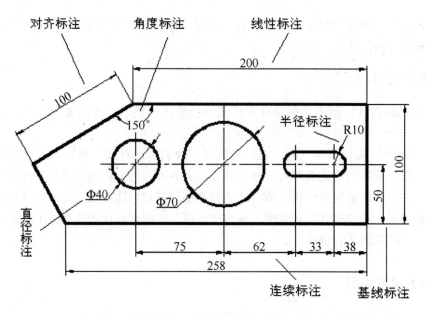

图 6-32 基本尺寸标注示例

1. 线性标注

线性标注指的是标注对象在水平方向、竖直方向或具有一定旋转角度的尺寸，可分为水平标注、垂直标注和旋转标注 3 种类型。

调用"线性标注"命令的方法如下。

1）功能区："常用"→"注释"→"线性"命令。

2）菜单项："标注"→"线性"命令。

3）命令行：DIMLINEAR/DLI。

系统提示如下

命令：_dimlinear

指定第一条延伸线原点或 <选择对象>：（指定被标注的第 1 条尺寸界线起点）

指定第二条延伸线原点：（指定被标注的第 2 条尺寸界线起点）

指定尺寸线位置或

[多行文字(M)/文字(T)/角度(A)/水平(H)/垂直(V)/旋转(R)]：（指定尺寸位置或选项）

★ 线性标注示例——标注如图 6-33a 所示平面图形的尺寸。

操作步骤如图 6-33b 所示。

1）标注线性尺寸 40。

单击菜单项："注释"→"标注"→"线性"命令。

命令：_dimlinear

指定第一条延伸线原点或 <选择对象>：（捕捉 B 点）

指定第二条延伸线原点：（捕捉 C 点）

指定尺寸线位置或

[多行文字(M)/文字(T)/角度(A)/水平(H)/垂直(V)/旋转(R)]：（指定尺寸线位置）

标注文字 ＝40（选定标注位置，自动标注尺寸数字40）

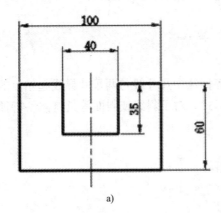 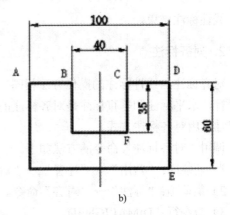

图 6-33   线性标注示例

2）标注线性尺寸 100。

单击菜单项："注释"→"标注"→"线性"命令。

命令：_dimlinear

指定第一条延伸线原点或 <选择对象>：（捕捉 A 点）

指定第二条延伸线原点：（捕捉 D 点）

指定尺寸线位置或

[多行文字(M)/文字(T)/角度(A)/水平(H)/垂直(V)/旋转(R)]：（指定尺寸线位置）

标注文字 ＝100（选定标注位置，自动标注尺寸数字100）

3）标注线性尺寸 60。

单击菜单项："注释"→"标注"→"线性"命令。

命令：_dimlinear

指定第一条延伸线原点或 <选择对象>：（捕捉 D 点）

指定第二条延伸线原点：（捕捉 E 点）

指定尺寸线位置或

[多行文字(M)/文字(T)/角度(A)/水平(H)/垂直(V)/旋转(R)]：（指定尺寸线位置）

标注文字 ＝60（选定标注位置，自动标注尺寸数字60）

4）标注线性尺寸 35。

单击菜单项："注释"→"标注"→"线性"命令。

命令：_dimlinear

指定第一条延伸线原点或 <选择对象>：（捕捉 C 点）

线性标注结束。

2. 对齐标注

对齐标注与线性标注的操作方法相同，但对齐标注中尺寸线与两尺寸界线起始点的连线相平行，水平标注和垂直标注是对齐标注的特殊形式。对于斜线或斜面等具有倾斜特征的线性尺寸常用对齐标注方式。

调用"对齐标注"命令的方法如下。

1）功能区："常用"→"注释"→"对齐"命令。

2）菜单项："标注"→"对齐"命令。

3）命令行：DIMALIGNED。

系统提示如下。

★ 对齐标注示例——标注如图 6-34 所示的尺寸。

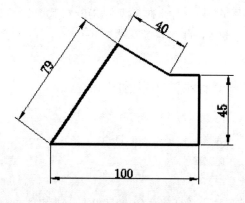

图 6-34　对齐标注示例

图中 79 和 40 两个尺寸用对齐标注，45 和 100 两个尺寸是对齐标注的特殊形式，既可以用线性标注，也可以用对齐标注，操作过程同线性标注。

3. 基线标注

基线标注是指定一尺寸为基准，各尺寸线均从该指定尺寸界线处引出的标注。与其他标注不同，在进行基线标注前，需要预先创建或选择一个线性、坐标或角度标注作为标注基准，标注基准必须为这 3 种标注中的一种。

调用"基线标注"命令的方法如下。

1）功能区："注释"→"标注"→"基线"命令。

2）菜单项："标注"→"基线"命令。

3）命令行：DIMBASELINE。

系统提示如下。

命令：_dimbaseline

选择基准标注：（指定已存在的线性尺寸界线为起点）

指定第二条尺寸界线原点或[放弃(U)/选择(S)]〈选择〉：（指定第 1 个基线尺寸的第 2 条尺寸界线起点）

指定第二条尺寸界线原点或[放弃(U)/选择(S)]〈选择〉：（指定第 2 个基线尺寸的第 2 条尺寸界线起点）

指定第二条尺寸界线原点或[放弃(U)/选择(S)]〈选择〉：（指定第 3 个基线尺寸的第 2 条尺寸界线起点或按〈Enter〉键结束命令）

★ 基线标注示例——标注如图 6-35 所示的阶梯轴。

☞提示：

先用"线性标注"标注尺寸 20 和 30，再用"基线标注"标注其余尺寸。

操作步骤如下。

1）单击菜单项："注释"→"标注"→"线性"命令。

命令：_dimlinear

指定第一条延伸线原点或<选择对象>：（选择图中的 A 点）

指定第二条延伸线原点：（选择图中的 B 点）

指定尺寸线位置或[多行文字(M)/文字(T)/角度(A)/水平(H)/垂直(V)/旋转(R)]：（移动光标至适当位置单击）

系统将标注出线性尺寸 20。

2）单击菜单项："注释"→"标注"→"基线"命令。

命令：_dimbaseline

指定第二条尺寸界线原点或[放弃(U)/选择(S)]〈选择〉：（选择图中的 C 点）

系统将标注出基线尺寸 50。

用同样的方法，先用"线性标注"标注尺寸 30，再用"基线标注"标注尺寸 55、85、143 等。

4．连续标注

连续标注用于标注同一方向上的连续线性尺寸和角度尺寸，它可以保证每个尺寸的精度。与基线标注相似，在连续标注前，预先要创建或选择一个标注基准（必须为线性、坐标或角度标注）。每一个尺寸标注都是以前一个标注与其相邻的尺寸界线为基线进行标注。

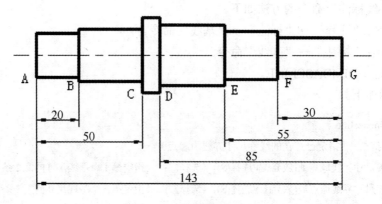

图 6-35　基线标注示例

调用"连续标注"命令的方法如下。

1）功能区："注释"→"标注"→"连续"命令。

2）菜单项："标注"→"连续"命令。

3）命令行：DIMCONTINUE。

系统提示如下。

命令：_dimcontinue

选择连续标注：（指定已存在的线性尺寸界线为起点）

指定第二条延伸线原点或 [放弃(U)/选择(S)] <选择>：（指定第 1 个连续尺寸的第 2 条尺寸界线起点）

指定第二条延伸线原点或 [放弃(U)/选择(S)] <选择>：（指定第 2 个连续尺寸的第 2 条尺寸界线起点）

指定第二条延伸线原点或 [放弃(U)/选择(S)] <选择>：（指定第 3 个连续尺寸的第 2 条尺寸界线起点或按〈Enter〉键结束命令）

★ 连续标注示例——标注如图 6-36 所示平面图形的尺寸。

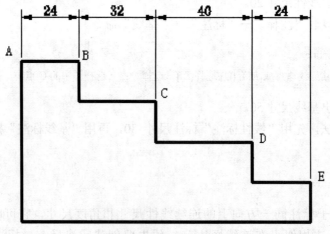

图 6-36　连续标注示例

操作步骤如下。

1）标注线性尺寸。

单击菜单项："注释"→"标注"→"线性"命令。

命令：_dimlinear

指定第一条延伸线原点或 <选择对象>：（捕捉 A 点）

指定第二条延伸线原点：（捕捉 B 点）

指定尺寸线位置或

[多行文字(M)/文字(T)/角度(A)/水平(H)/垂直(V)/旋转(R)]：（选择尺寸数字的位置）

标注文字 ＝24（自动显示尺寸数字）

2）标注连续尺寸。

单击菜单项："注释"→"标注"→"连续"命令。

命令：_dimcontinue

指定第二条延伸线原点或 [放弃(U)/选择(S)] <选择>：（捕捉 C 点）

标注文字 ＝32（自动显示尺寸数字）

指定第二条延伸线原点或 [放弃(U)/选择(S)] <选择>：（捕捉 D 点）

标注文字 ＝40（自动显示尺寸数字）

指定第二条延伸线原点或 [放弃(U)/选择(S)] <选择>：（捕捉 E 点）

标注文字 ＝24（自动显示尺寸数字）

指定第二条延伸线原点或 [放弃(U)/选择(S)] <选择>：

选择连续标注：(连按两次〈Enter〉键结束命令)

5．径向尺寸标注

径向尺寸标注包括半径标注和直径标注，在标注前需在"标注样式管理器"中进行设置，不同的设置可以产生不同的标注效果。

（1）半径标注

半径标注可用来标注圆或圆弧等曲线的半径。

调用"半径标注"命令的方法如下。

1）功能区："注释"→"标注"→"半径"命令。

2）菜单项："标注"→"半径"命令。

3）命令行：DIMRADIUS。

系统提示如下。

命令：_dimradius

选择圆弧或圆：（选取被标注的圆弧或圆）

指定尺寸线位置或[多行文字(M)/文字(T)/角度(A)]：（指定尺寸线的位置或选项）

如果直接指定尺寸的位置，将标出圆或圆弧的半径；如果选择选项，将确定标注的尺寸与其倾斜角度。如果将"圆和圆弧引出"标注样式置为当前样式，可以进行引出标注。

★ 半径标注示例。

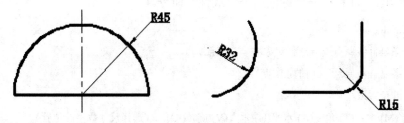

图 6-37　半径标注示例

☞说明：

图中所示的 3 种半径标注形式需要在"标注样式管理器"中进行不同的设置即可实现。

（2）直径标注

直径标注可用来标注圆的直径。

调用"直径标注"命令的方法如下。

1）功能区："注释"→"标注"→"直径"命令。

2）菜单项："标注"→"直径"命令。

3）命令行：DIMDIAMETER。

系统提示如下。

命令：_dimdiameter
选择圆弧或圆：（选择对象）
指定尺寸线位置或[多行文字(M)/文字(T)/角度(A)]：（指定尺寸线的位置或选项）

★ 直径标注示例。

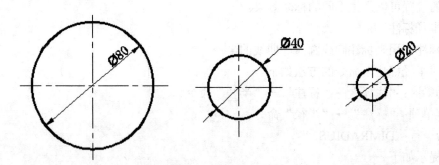

图 6-38　直径标注示例

☞说明：

同半径标注一样，图中所示的 3 种直径标注形式也需要在"标注样式管理器"中进行不同的设置即可实现。

6. 角度标注

根据机械制图国家标准的规定，在角度标注时，不管是水平标注还是竖直标注，角度数字字头都应朝上。

单击"注释"→"标注"右下角的 ◥，打开"标注样式管理器"，新建一个"角度"标注样式，在"文字"选项卡中，将"文字对齐"设为"水平"，单击"确定"按钮完成设置。

调用"角度标注"命令的方法如下。

1）功能区："注释"→"标注"→"角度"命令。

2）菜单项："标注"→"角度"命令。

3）命令行：DIMANGULAR。

系统提示如下。

命令：_dimangular

选择圆弧、圆、直线或〈指定顶点〉：（选取第 1 条直线）

选择第二条直线：（选取第 2 条直线）

指定标注弧线位置或〔多行文字(M)／文字(T)／角度(A)〕：（指定标注弧线位置或选项）

★ 角度标注示例。

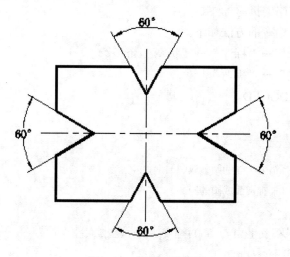

图 6-39　角度标注示例

7. 弧长标注

绘制机械图样时，有时候还需要标注圆弧的弧长，AutoCAD 2010 的弧长标注功能可以帮助我们轻松实现。弧长标注可以标注出圆弧沿弧线方向的长度而不是弦长。

调用"弧长标注"命令的方法如下。

1）功能区："注释"→"标注"→"弧长"命令。

2）菜单项："标注"→"弧长"命令。

3）命令行：DIMARC。

系统提示如下。

命令：_dimarc

选择弧线段或多段线弧线段：（选择需要标注的圆弧）

指定弧长标注位置或 [多行文字(M)/文字(T)/角度(A)/部分(P)/引线(L)]：（指定标注位置或选项）

标注文字 ＝XX

◆ 弧长标注示例——标注如图 6-40a 所示弧长。

单击功能区："注释"→"标注"→"弧长"命令╭。

命令：_dimarc

选择弧线段或多段线弧线段：（选择需要标注的圆弧）

指定弧长标注位置或 [多行文字(M)/文字(T)/角度(A)/部分(P)/引线(L)]：（向上拉出合适的尺寸线长度）

标注文字 ＝97（自动标注弧长）

标注结果如图 6-40a 所示。

8. 折弯标注

有些图形中需要对大圆弧进行标注，这些圆弧的圆心甚至在图纸之外，此时在工程图中就对这样的圆弧进行省略的折弯标注。

调用"折弯标注"命令的方法如下。

1）功能区："注释"→"标注"→"折弯"命令╭。

2）菜单项："标注"→"折弯"。

3）命令行：DIMJOGGED。

系统提示如下。

命令：_dimjogged

选择圆弧或圆：（选择需要标注的圆弧或圆）

指定中心位置替代：（捕捉圆弧或圆的圆心）

标注文字 ＝XX

指定尺寸线位置或 [多行文字(M)/文字(T)/角度(A)]：（指定尺寸线位置）

指定折弯位置：（指定折弯位置）

◆ 折弯标注示例——标注如图 6-40b 所示的大圆弧。

命令：_dimjogged

选择圆弧或圆：（选择如图 6-40b 所示的圆弧段）

指定中心位置替代：（拾取圆弧的圆心）

标注文字 ＝120（自动显示半径）

指定尺寸线位置或 [多行文字(M)/文字(T)/角度(A)]：（指定合适的尺寸线位置）

指定折弯位置：（指定折弯位置）

标注结果如图 6-40b 所示。

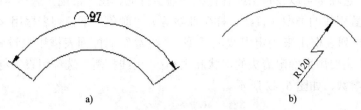

图 6-40 弧长标注和折弯标注

a) 弧长标注 b)折弯标注

6.3.3 多重引线标注

在对装配图中的零件、公差标注和图纸上的说明进行注释时,前面所讲的标注方法有时不能很好地表示,这时就需要使用"多重引线标注"快速、准确地获得注释效果。

1. 设置多重引线样式

多重引线对象通常包含箭头、水平基线和引线。箭头通常连接着要注释的对象,水平基线连接着文字或块和特性控制框。

在"注释"选项卡中,单击"引线"面板上的"多重引线样式管理器"按钮 ,打开"多重引线样式管理器"对话框,单击"新建"按钮,弹出"创建新多重引线样式"对话框,如图 6-41 所示。在该对话框中输入新样式名和指定新样式的基础样式,然后单击"继续"按钮,可以对新样式的各参数进行设置。

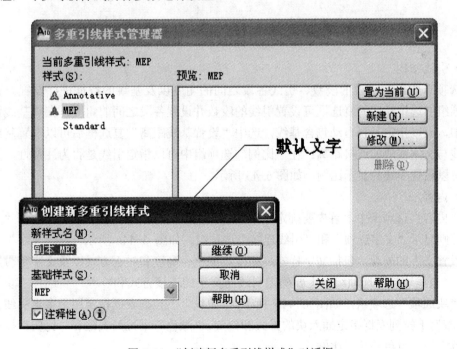

图 6-41 "创建新多重引线样式"对话框

（1）引线格式

"引线格式"选项卡可以设置引线各特征和箭头特征。在"常规"选项组中，"类型"下拉列表框用来设置引线的类型（直线、样条曲线等），"颜色"下拉列表框用来设置引线的颜色，"线型"下拉列表框用来确定引线的线型，"线宽"下拉列表框用来设置引线的线宽；"箭头"选项组中主要用来确定箭头的形状和大小；"引线打断"选项组设置将折弯标注添加到多重引线时的参数，如图 6-42 所示。

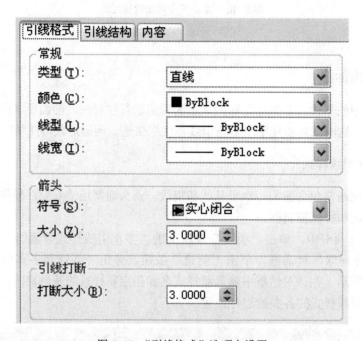

图 6-42 "引线格式"选项卡设置

（2）引线结构

在选项卡中可对引线的段数、引线各段之间的角度以及基线的特征进行设置。在"约束"选项组中选中相应的复选框可设置引线的段数并设置各段之间的角度；在"基线设置"选项组中，可以指定是否自动包含基线，选中"设置基线距离"复选框后可以设置基线的距离即引线与文本或块的连接距离；在"比例"选项组中可以指定引线是否为注释性，为非注释性时可以设置引线的显示比例，如图 6-43 所示。

（3）内容

在"内容"选项卡中，首先要确定多重引线类型即多行文字、块或无。当选择"多行文字"时，则显示"文字选项"和"引线连接"选项组，如图 6-44a 所示。在"文字"选项组中可以设置文字的外观，包括文字样式、角度、颜色、高度和对正方式以及文字是否加边框等参数。"引线连接"选项组中主要确定引线与文字的连接方式和位置；当选择"块"时，则显示"块选项"选项组，如图 6-44b 所示。"源块"下拉列表框指定用于多重引线内容的块，"附着"下拉列表框指定插入块的方式和位置，"颜色"下拉列表框和"比例"微调框分别用来确定块的颜色和显示比例。

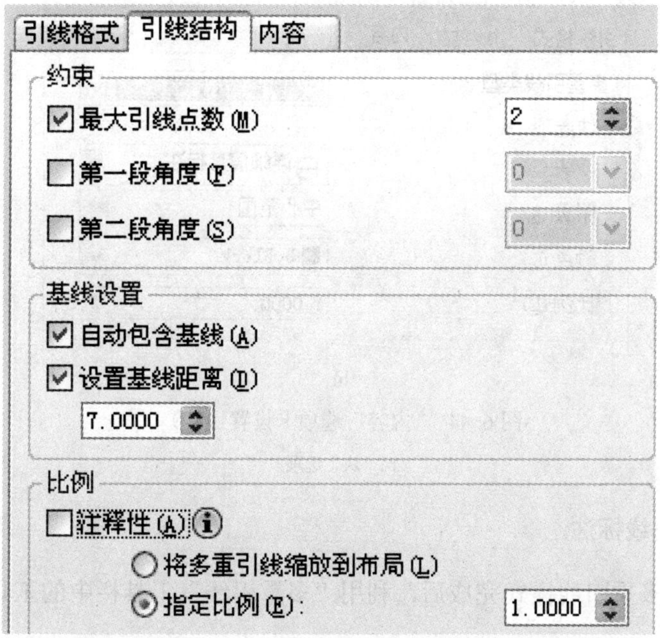

图 6-43 “引线结构”选项卡设置

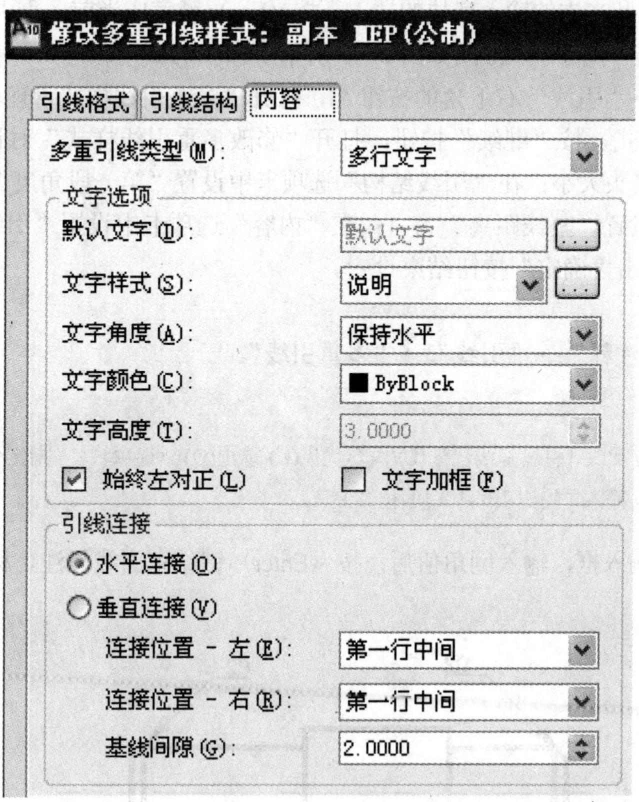

a)

图 6-44 “内容”选项卡设置

a)“多行文字”选项

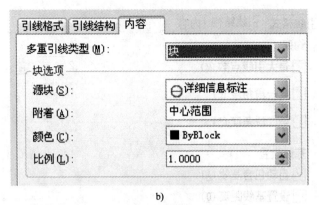

b)

图6-44 "内容"选项卡设置（续）

b) "块"选项

2. 添加多重引线标注

在设置或修改多重引线样式完成后，利用"多重引线"工具栏中的工具可以完成相应多重引线标注的操作。

单击"注释"面板上的"多重引线"按钮 ∕○ ，根据提示依次完成引线箭头位置的指定、引线基线位置的指定和文本的输入或块的插入，按〈Esc〉键完成当前多重引线的标注。

★ 多重引线标注示例——标注如图6-45所示阶梯轴的倒角。

单击"注释"→"引线"右下角的按钮 ，打开"多重引线样式管理器"对话框，新建"倒角"多重引线样式，按"继续"按钮，打开"修改多重引线样式"对话框。在"引线格式"选项卡中设置箭头大小；在"引线结构"选项卡中设置"第一段角度"为45，设置"第二段角度"为0，设置"基线距离"为1；在"内容"选项卡中设置"引线连接"为"最后一行加下画线"，单击"确定"按钮结束设置。

操作步骤如下。

单击菜单项："注释"→"引线"→"多重引线"。

命令：_mleader
指定引线箭头的位置或 [引线基线优先(L)/内容优先(C)/选项(O)] <选项>：（指定引线箭头的位置）
指定引线基线的位置：（指定引线基线的位置）

系统弹出文本输入框，输入倒角值后，按〈Enter〉键结束引线标注，标注结果如图6-45所示。

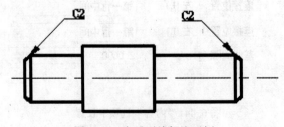

图6-45 多重引线标注示例

6.4 形位公差的标注

形位公差在机械设计中应用很普遍，它主要包括形状、轮廓、方向、位置和跳动的允许偏差。形位公差标注一般是由公差框格和指引线组成的。在公差框格中主要显示公差项目符号、公差值和公差基准代号。

单击菜单项"注释"→"标注"→"公差"命令，打开"形位公差"对话框。

在"形位公差"对话框中，单击选项组中小方框，可以确定形位公差的符号、直径"Φ"符号、基准符号、公差的高度和"包容条件"。设置后，单击"确定"按钮，退出"形位公差"对话框，指定插入公差的位置，即完成公差标注。

"形位公差"对话框及其中的"特征符号"项目如图 6-46 所示。

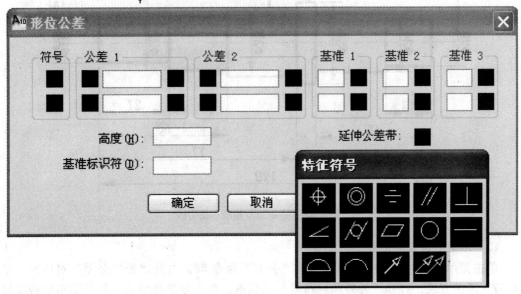

图 6 46 "形位公差"对话框及其"特征符号"项目

★ 形位公差标注示例——图 6-47 所示阶梯轴，标注其上的形位公差。

（1）绘制公差指引线和基准代号

在标注形位公差之前，首先需要指定公差的基准位置并绘制相应的基准代号，然后在图形上合适的位置绘制公差框格的指引线，如图 6-48 所示。

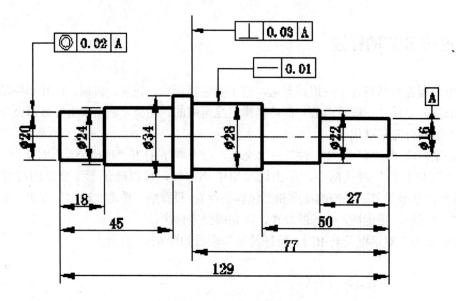

图 6-47　形位公差标注示例

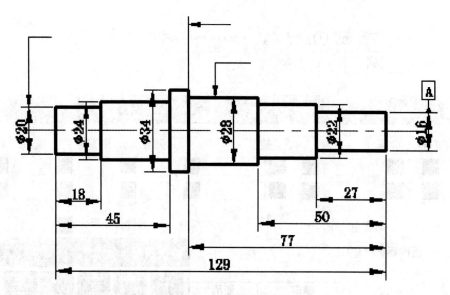

图 6-48　绘制公差基准和指引线

（2）指定形位公差符号

单击菜单项"注释"→"标注"→"公差"命令 ，打开"形位公差"对话框。单击"符号"黑色方块，打开"公差项目符号"对话框。单击要选择的公差符号即可完成符号的指定。

（3）输入公差值和基准代号

在"形位公差"对话框中，输入各个不同公差项目的公差值和基准代号，单击"确定"按钮完成设置。回到图形界面上，在公差指引线处单击鼠标左键放置公差框格，完成公差标注。形位公差标注结果如图 6-47 所示。

6.5　编辑尺寸标注及文字标注

当完成后的尺寸标注不符合设计要求时，用户可对其进行适当的调整，包括调整尺寸界线和尺寸线的位置、间距和标注的外观特征等。

6.5.1　编辑尺寸标注

在 AutoCAD 2010 中，编辑标注命令可以更改标注文字的内容和延伸线的倾斜角度等。在命令行输入"DIMEDIT"，按〈Enter〉键，系统提示如下。

> 输入标注编辑类型 [默认(H)/新建(N)/旋转(R)/倾斜(O)] <默认>:

其中各个子选项的含义和操作如下。

1．"默认（H）"选项

> 选择"默认（H）"选项后，系统提示：
> 选择对象：（选择需修改的尺寸标注）
> 选择对象：（继续选择或按〈Enter〉键结束命令）

2．"新建（N）"选项

选择"新建"选项输入"N"后，打开"多行文字编辑器"对话框，输入新的文字，系统提示：

> 选择对象：（选择需更新的尺寸）

3．"旋转（R）"选项

选择"旋转（R）"选项后，系统提示如下

> 指定标注文字的角度：（输入尺寸数字的旋转角度）
> 选择对象：（选择尺寸数字需旋转的尺寸）
> 选择对象：（继续选择或按〈Enter〉键结束命令）

4．"倾斜（O）"选项

选择"倾斜（O）"选项后，系统提示如下。

> 选择对象：（选择需倾斜的尺寸）
> 选择对象：（继续选择或按〈Enter〉键结束选择）
> 输入倾斜角度（按〈Enter〉键表示无）：（输入倾斜角）

结束编辑标注。

6.5.2 编辑标注文字

在命令行输入"DIMTEDIT",按〈Enter〉键,系统提示:"选择标注:",在该提示下选择要编辑修改的尺寸标注,系统接着给出以下提示。

> 为标注文字指定新位置或 [左对齐(L)/右对齐(R)/居中(C)/默认(H)/角度(A)]:

下面介绍各选项的含义和操作。

(1)"指定标注文字的新位置"选项

"为标注文字指定新位置"选项是系统的默认选项。选择该选项,可以在绘图窗口中移动光标至适当的位置来确定尺寸文本的新位置。

(2)"左对齐(L)"选项

选择"左对齐"选项表示将尺寸文本沿尺寸线左对齐。

(3)"右对齐(R)"选项

选择"右对齐"选项表示将尺寸文本沿尺寸线右对齐。

(4)"居中(C)"选项

选择"居中"选项表示将尺寸文本放置在尺寸线的中间。

(5)"默认(H)"选项

选择"默认"选项表示将尺寸文本按用户在标注样式中设置的位置放置。

(6)"角度(A)"选项

选择"角度"选项表示将尺寸文本按用户指定的角度放置。

输入"A",按〈Enter〉键,系统继续提示:"指定标注文字的角度:"。在该提示下,输入尺寸文本的放置角度后,按〈Enter〉键,系统将尺寸文本按用户的设置重新放置。

6.6 实训——"标注样式管理器"的设置及其尺寸标注

■ 课堂练习——标注图 6-49 所示的尺寸。

在标注尺寸之前,首先应对标注样式进行设置,主视图上的所有标注和右方轴孔的直径标注可设置同样的标注样式,而键槽上的尺寸则需要对其公差标注进行设置,键槽宽度需采用对称公差进行标注,键槽深度则需采用极限偏差进行标注。

操作步骤如下。

(1)标注样式设置

1)打开如图 6-50 所示的图形文件。

2)单击功能区"注释"→"标注"右下角的按钮 ⌐| ,打开"标注样式管理器"对话框。

3)单击"新建"按钮,打开"创建新标注样式"对话框,如图 6-27 所示。

4)在"新样式名"文本框中输入"圆柱齿轮标注";单击"继续"按钮,打开"新建标注样式"对话框，如图 6-28 所示。

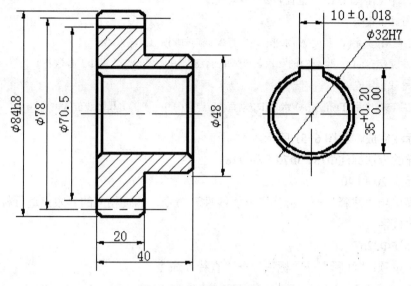

图 6-49　圆柱齿轮标注

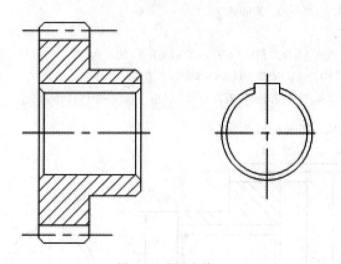

图 6-50　图形文件

5）单击"线"选项卡，在"超出文本框"中输入 2.5，在"起点偏移量"文本框中输入 0，

6）单击"符号和箭头"选项卡，在"箭头大小"文本框中输入 3.5。

7）单击"文字"选项卡，在"文字高度"中输入 3.5；在"文字对齐"选项中选择"ISO 标准"。

其余选项设为默认值，单击"确定"按钮，系统返回绘图区域。

（2）标注线性尺寸"Φ84h8"

单击菜单项："注释"→"标注"→"线性"命令。

命令：_dimlinear

指定第一条延伸线原点或 <选择对象>：（捕捉第 1 个界限点）

指定第二条延伸线原点：（捕捉第 2 个界限点）

指定尺寸线位置或

[多行文字(M)/文字(T)/角度(A)/水平(H)/垂直(V)/旋转(R)]：t（输入"t"）

输入标注文字 <84>：%%c84h8（输入"%%c84h8",其中"%%c"是Φ的控制符）

指定尺寸线位置或

[多行文字(M)/文字(T)/角度(A)/水平(H)/垂直(V)/旋转(R)]：（指定尺寸线位置）

尺寸标注完成，如图 6-51 所示。

用同样的方法标注Φ78、Φ70.5 和Φ48。

（3）标注 20 和 40

单击菜单项"注释"→"标注"→"线性"命令，捕捉相应的界限点进行标注，系统自动显示尺寸数字。

（4）标注Φ32h7

单击菜单项："注释"→"标注"→"直径"命令

命令：_dimdiameter

选择圆弧或圆：（单击Φ32 圆轮廓线）

标注文字 ＝32

指定尺寸线位置或 [多行文字(M)/文字(T)/角度(A)]：t（输入"t"）

输入标注文字 <32>：%%c32h7（输入需要标注的文字）

指定尺寸线位置或 [多行文字(M)/文字(T)/角度(A)]：（指定尺寸线位置）

尺寸标注完成，如图 6-51 所示。

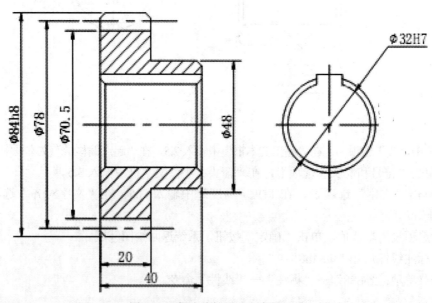

图 6-51　标注线性尺寸和直径尺寸

（5）标注对称公差

1）在"注释"选项卡中，单击"标注"面板上的"标注样式"按钮 ⚲，打开"标注样式管理器"对话框。

2）单击"新建"按钮，打开"创建新标注样式"对话框。

3）在"新样式名"文本框中输入"对称公差"；单击"继续"按钮，打开"新建标注样式"对话框。

4）其余设置不变，单击"公差"选项卡，在"方式"中选择"对称"，在"精度"中选择"0.000"，在"上偏差"中输入"0.018"，在"高度比例"中输入"0.5"。

5）单击"确定"，返回绘图区域，对键槽宽度进行标注。

标注结果如图 6-52 所示。

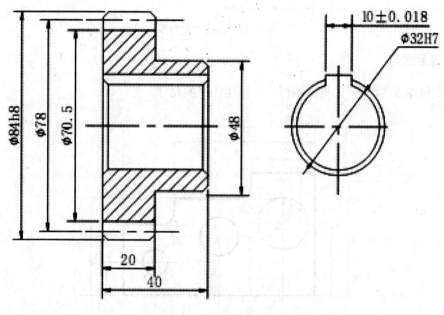

图 6-52　标注对称公差

（6）标注极限偏差

1）在"注释"选项卡中，单击"标注"面板上的"标注样式"按钮 ⚲，打开"标注样式管理器"对话框。

2）单击"新建"按钮，打开"创建新标注样式"对话框。

3）在"新样式名"文本框中输入"极限偏差"；单击"继续"按钮，打开"新建标注样式"对话框。

4）其余设置不变，单击"公差"选项卡，在"方式"中选择"极限偏差"，在"精度"中选择"0.00"，在"上偏差"中输入"0.20"，在"下偏差"中输入"0"，在"高度比例"中输入"0.5"。

5）单击"确定"按钮，返回绘图区域进行标注。

标注结果如图 6-53 所示。

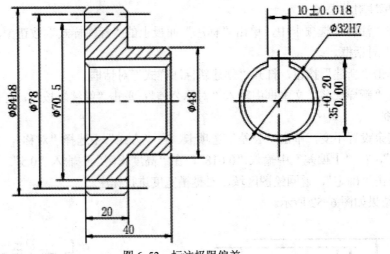

图 6-53　标注极限偏差

■ **课后练习**

绘制如图 6-54 所示的机械图样，并标注图形的尺寸。

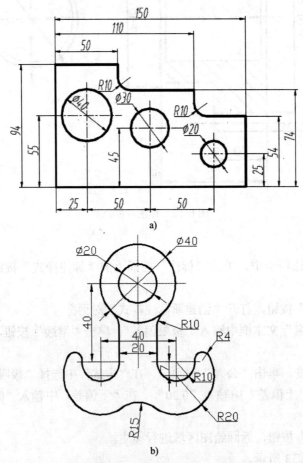

a)

b)

图 6-54　尺寸标注练习

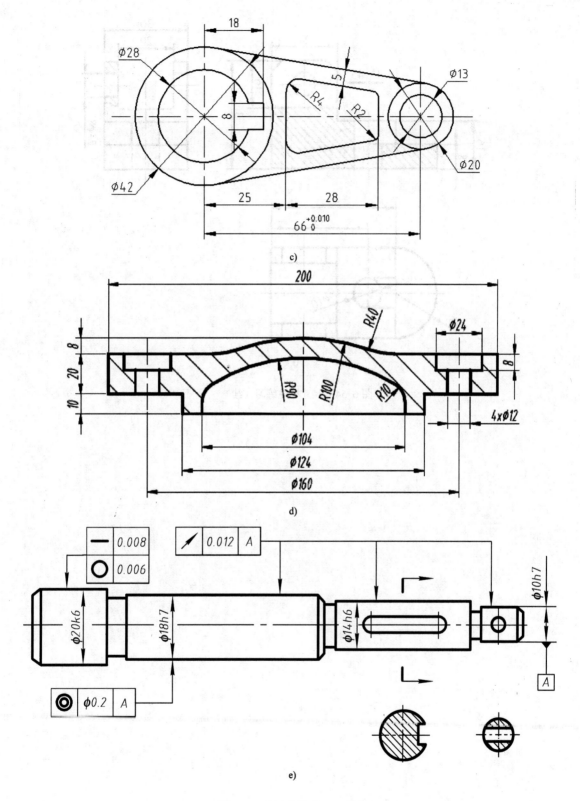

图 6-54　尺寸标注练习（续）

153

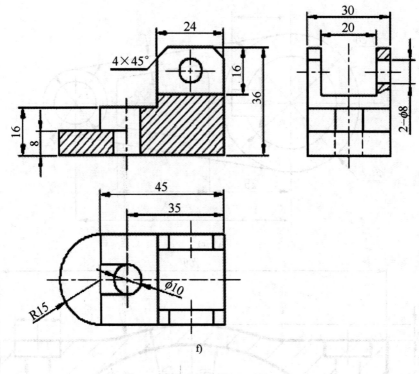

f)

图 6-54 尺寸标注练习（续）

第 7 章　创建与使用图块

　　块是一个或多个对象组成的对象集合，常用于绘制复杂、重复的图形。一旦一组对象组合成块，就可以根据作图需要将这组对象插入到图中任意指定位置，而且还可以按不同的比例和旋转角度插入。在 AutoCAD 中，使用块可以建立图形库、提高绘图速度、节省存储空间、便于修改图形。

7.1　创建图块

　　在使用块之前，首先需要将块创建出来，也就是向块库里增加块的定义。

7.1.1　创建内部图块

　　内部图块是指创建的图块保存在定义该图块的图形中，只能在当前图形中应用，而不能插入到其他图形中。

　　创建块的方法如下。

　　1）功能区："常用"→"块"→"创建"命令。

　　2）菜单项："绘图"→"块"→"创建"命令。

　　3）命令行：BLOCK/B。

　　操作步骤如下。

　　单击功能区："常用"→"块"→"创建"命令📐。

　　打开"块定义"对话框如图 7-1 所示。在对话框中输入块的"名称"、"基点"后，在绘图区选择对象。单击"确定"按钮，完成创建图块的操作。

　　"块定义"对话框中所包含的项目及作用如下：

　　（1）"名称"下拉列表框

　　在此下拉列表框中可以输入或选择要创建的块的名称。

　　（2）"基点"选项组

　　"基点"选项组用于指定块的插入基点，也是块在插入过程中旋转或者缩放的基点，默认值为（0,0,0）。用户可以通过 X、Y、Z 坐标的方式来指定块的插入基点，也可以通过单击"拾取点"按钮📇，然后在图形中指定插入基点。

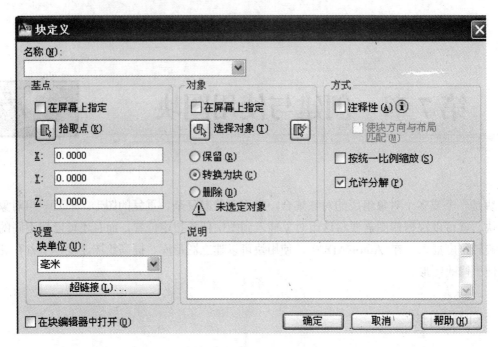

图7-1 "块定义"对话框

（3）"设置"选项组

在"设置"选项组中，"块单位"下拉列表框可以提供用户选择块参照插入的单位；"说明"文本框中可以指定块的文字说明；"超链接"按钮主要打开"插入超链接"对话框，用户可以通过该对话框设置某个超链接与块定义的超链接。

（4）"对象"选项组

"对象"选项组用于指定要创建的新块包含的对象及创建块之后如何处理这些对象，各参数的含义如下。

1）"选择对象"按钮。单击此按钮之后，"块定义"对话框暂时关闭，这时用户到绘图区选择块对象，完成选择对象之后，按〈Enter〉健重新弹出"块定义"对话框。

2）"保留"单选按钮。用于设定创建块以后，是否将选定对象保留在图形中作为区域对象。

3）"转换为块"单选按钮。用于设定创建块以后，是否将选定对象转换成块。

4）"删除"单选按钮。用于设定创建块以后，是否从图形中删除选定的对象。

（5）"方式"选项组

"方式"选项组用于指定块的方式。"注释性"复选框用于将块设置为注释性；"使块方向与布局匹配"复选框的作用为使块参照方向与图纸布局方向匹配；"按统一比例缩放"复选框用于指定是否将块按照统一比例放大或缩小；"允许分解"复选框用于指定块参照是否可以被分解。

★ 创建内部图块示例——绘制图7-2a所示表面结构要求符号并将其创建为内部图块。

在机械零件绘制过程中，经常会用到表面结构要求符号，符号由图形和文字两部分组成，通常是绘制出一个符号，再将其定义为内部块插入图形中，然后再对其参数进行修改，完成表面结构要求的标注。

操作步骤：

1）用绘图命令和单行文字命令绘制表面结构要求符号，如图 7-2b 所示。

2）将其定义为内部块。

单击功能区："常用"→"块"→"创建"按钮

打开"块定义"对话框如图 7-1 所示。在对话框中输入块的"名称"为"表面结构要求符号块"，在"基点"选项中单击"拾取点"按钮，系统回到绘图区，捕捉 A 点为基点，如图 7-2b 所示。在"对象"中单击"选择对象"按钮，系统回到绘图区，用窗口选择模式选择绘制好的表面结构要求符号，单击"确定"按钮，完成创建图块的操作。

此时单击表面结构要求符号，符号全部呈高亮显示，如图 7-2c 所示，说明它已由独立的图线和文字组合成一个整体——图块。

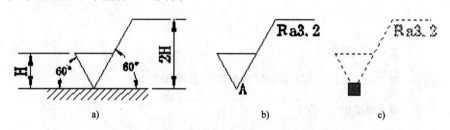

图 7-2　创建"表面结构要求符号"内部块

7.1.2　创建外部图块

由于块定义方法创建的块为内部块，只能在存储定义的图形文件中使用，一旦退出系统，所定义的块就会消失。而创建外部图块是将当前图形中的块或图形写成图形文件，它与内部图块的区别是：创建的图块作为独立文件保存，可以插入到任何图形中去，并可以对图块进行打开和编辑。

创建外部图块的方法如下。

输入命令"WBLOCK"，打开"写块"对话框，如图 7-3 所示。在对话框中确定图块定义范围和输入块"基点"后，在绘图区选择对象，单击"确定"按钮，完成创建图块的操作。

"写块"对话框中所包含的项目及作用如下。

（1）"源"选项组

"源"选项组用于指定块和对象，将其保存为文件并指定插入点，其中各单选按钮含义如下。

1）"块"单选按钮。选中此单选按钮时，用户可以从下拉列表中选择图形中已有块保存为文件。此时"基点"和"对象"选项组不可用。

2）"整个图形"单选按钮。选中此单选按钮时，会将当前图形作为一个块定义为外部文件。此时"基点"和"对象"选项组不可用。

3）"对象"单选按钮。选中此单选按钮时，需要选择图形对象，并指定基点创建图块。

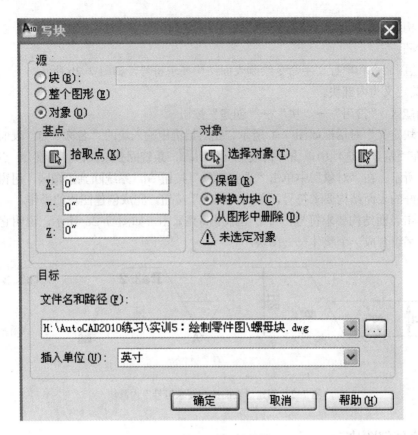

图 7-3 "写块"对话框

（2）"目标"选项组

"目标"选项组用于指定文件的新名称和新位置及插入块时所用的测量单位。

1）"文件名和路径"下拉列表框。在此下拉列表框中直接输入指定文件名和保存块对象的路径，也可以单击按钮⸺后通过浏览方式保存外部块。

2）"插入单位"下拉列表框。在此下拉列表框中设置创建的外部块插入其他图形中时的单位值。

★ 创建外部图块示例——绘制如图 7-4a 所示的螺母，并将其创建为外部图块。

1）根据图 7-4a 所给的尺寸绘制螺母。

2）输入命令"WBLOCK"后，打开"写块"对话框，如图 7-3 所示。在对话框的"源"中选择默认值"对象"单选按钮，在"基点"选项组中单击"拾取点"按钮，系统回到绘图区，捕捉圆心为基点。在"对象"选项组中单击"选择对象"按钮，系统回到绘图区，用窗口选择模式选择螺母的所有图线。如果在"对象"中选择"转换为块"单选按钮，则除了建立块文件外，还将当前图形转换为块，此时单击螺母则整体高亮显示，表示已转换为块，如图 7-4c 所示。如选择默认值"保留"单选按钮，则当前图形并不转换为块。在"目标"选项组中的"文件名和路径"中选择存储路径，其余选项选择默认值，单击"确定"按钮，完成创建外部图块的操作。创建的块文件可以在其他的图形文件中插入并进行编辑。

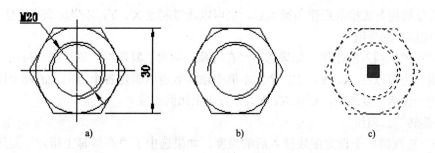

a)   b)   c)

图7-4 创建螺母外部块

7.2 插入图块

通过插入块操作，可以将已定义的块插入到图形中。插入块时，用户一般需要确定块的4组特征参数，即块名、插入点的位置、插入的比例系数及旋转角度。

操作步骤如下。

单击功能区："常用"→"块"→"插入"按钮🔲。

打开"插入"对话框，如图 7-5 所示。在对话框中选择块的"名称"、输入块的"插入点"、"缩放比例"、"旋转角度"后，单击"确定"按钮，完成图块插入的操作。

"插入"对话框中的5个选项组具体操作如下：

（1）"名称"下拉列表框

可以通过单击下拉箭头选择要插入图中的内部块，也可以单击"浏览"按钮之后，通过浏览方式插入外部块。

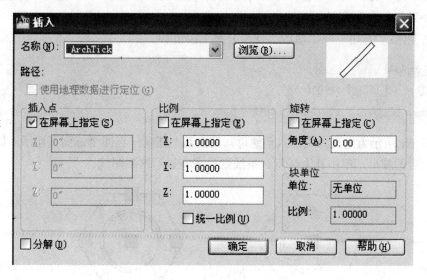

图7-5 "插入"对话框

（2）"插入点"选项组

"插入点"选项组用于指定图块的插入位置，通常选中"在屏幕上指定"复选框，然后通过对象捕捉方式拾取点作为插入点，也可以通过制定 X、Y、Z 坐标来指定插入点。

（3）"比例"选项组

用于设置图块插入的比例。如果选中"在屏幕上指定"复选框，则可以在按钮中输入缩放比例。用户也可以在 X、Y、Z 3 个文本框中输入数值以确定各个方向上的缩放比例。如果选中"统一比例"复选框，则在 X、Y、Z 方向上比例一致。

（4）"旋转"选项组

"旋转"选项组用于设定图块插入后的角度。如果选中了"在屏幕上指定"复选框，则可以在按钮中输入旋转角度；如果取消选中此复选框，则用户可以直接在"角度"文本框中输入角度数值来指定旋转角度。

（5）"分解"复选框

"分解"复选框用于控制插入后图块是否分解成为基本的线条等单元。

7.3 编辑图块

块在插入到图形之后，表现为一个整体，我们可以对这个整体进行删除、复制、镜像、旋转等操作，但是不能直接对组成块的对象进行操作，也就是说不能直接修改块在库中的定义。AutoCAD 提供了 3 种方法对块的定义进行修改，分别是块的分解及重定义、块的在位编辑和块编辑器。

7.3.1 块的分解

分解命令可以将块由一个整体分解为组成块的原始图线，然后可以对这些图线执行任意的修改，分解命令的激活方式如下。

单击功能区："常用" → "修改" → "分解"按钮 。

命令：_explode

选择对象：（选择需要分解的块）

按〈Enter〉键结束命令，块被分解为图线等单元。

如图 7-6a 所示为定义为块的六角螺母，单击其上任意一点即全部高亮显示。如图 7-6b 所示为分解后的螺母，单击其上任意一条线则只高亮显示这条图线。

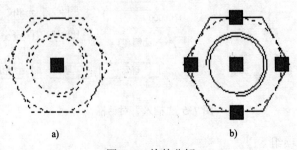

a)   b)

图 7-6 块的分解

7.3.2 块的重定义

重定义块常常用于批量修改一个块，比如说某个图块在图形中被插入了很多次，并且是插入到不同的位置和图层，甚至对其他的特性（如颜色、线型、线宽等）也做了大量的调整，而后来发现这个块的图形并不符合要求，需要全部变为另外的样式，这样将绘制好的图块（也可以是分解块后经过简单修改的，也可以是完全重新绘制的图形）以相应的插入点重新定义，完成后，图形中全部同名块将会被修改为新的样式。

★ 重定义块示例。

如图 7-7b 所示为螺栓联接图。由于设计需要，需将螺栓调整方向，将螺栓头部放在下面，上面可以看到螺母和垫圈，如图 7-7a 所示。由于已插入了多个图块，逐个更换耗时耗力，使用重定义的方式可以快速完成。

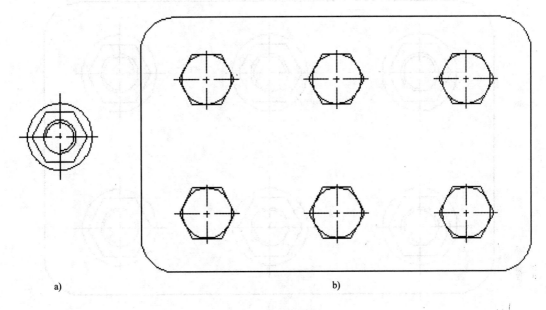

a)   b)

图 7-7　螺栓联接图

操作步骤如下。

1）单击功能区："插入"→"块"→"创建"按钮。

弹出"块定义"对话框，在"名称"下拉列表框中选择"螺栓头部"，单击"基点"选项组的"拾取点"按钮，拾取如图 7-7a 所示需要修改的图形的圆心（即基点），回到"块定义"对话框。

2）单击"对象"选项组的"选择对象"按钮，使用窗口选择模式全部选取如图 7-7a 所示图形，选择完成后按〈Enter〉键回到"块定义"对话框，单击"确定"按钮，此时 AutoCAD 会弹出一个警告信息框，如图 7-8 所示。提示"螺栓头部"已定义为块，希望执行什么操作？单击"重新定义块"选项。回到绘图区域时发现，图形中所有的"螺栓头部"块已被重新定义，如图 7-9 所示。

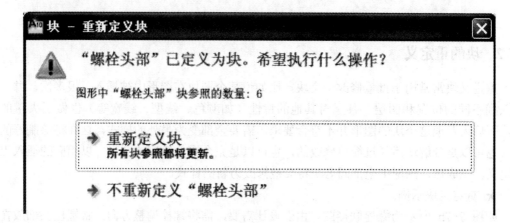

图 7-8 "重新定义块"选项

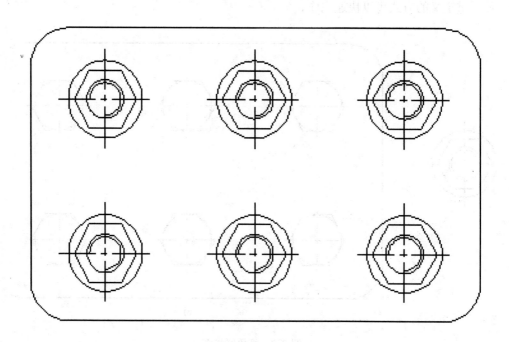

图 7-9 重新定义后的螺栓联接图

7.3.3 块的在位编辑

AutoCAD 还提供了"在位编辑"的工具供用户修改块库中的块定义。所谓在位编辑，就是在原来图形的位置上进行编辑，这是一个非常便捷的工具，不必分解块就可以直接对它进行修改，而且可以不必理会插入点的位置和原始图线所在的图层。

在位编辑命令的操作方法如下。

选择块，在其右键菜单中选择"在位编辑块"命令。

命令：refedit。

弹出"参照编辑"对话框，如图 7-10 所示。对话框中显示要编辑的块的名字，如果块中有嵌套的块，还会将嵌套的树状结构显示出来，这样可以自由选择是编辑当前的根块还是编辑嵌套进去的子块。

单击"确定"按钮，此时 AutoCAD 会进入一个参照和块在位编辑的状态，如图 7-11 所示，同时功能区"插入"标签上会出现"编辑参照"面板，如图 7-12 所示。

对图中显示的块进行修改后，单击"编辑参照"面板上的"保存修改"按钮，在弹出的警告对话框中单击"确定"按钮，将修改保存到块的定义中，块修改完成。

★ 块的在位编辑实例——将如图 7-7b 所示图形修改为如图 7-9 所示图形。

操作步骤如下。

1) 在图 7-7b 中选择块，在块的右键菜单中选择"在位编辑块"命令，打开"参照编辑"对话框，如图 7-10 所示。对话框中显示要编辑的块的名字"螺栓头部"。

图 7-10 "参照编辑"对话框

2) 选择了"螺栓头部"块后，单击"确定"按钮，进入参照和块在位编辑的状态，除了块定义的图形以外，其他图形全部褪色，并且除了当前正在编辑的块图形外，看不到其他插入进去的相同的块，如图 7-11 所示。同时功能区"插入"标签上会出现"编辑参照"面板，如图 7-12 所示。

3) 对图 7-11 中显示的块进行修改后，单击"编辑参照"面板上的"保存修改"按钮，在弹出的警告对话框中单击"确定"按钮，将修改保存到块的定义中，修改结果如图 7-9 所示。

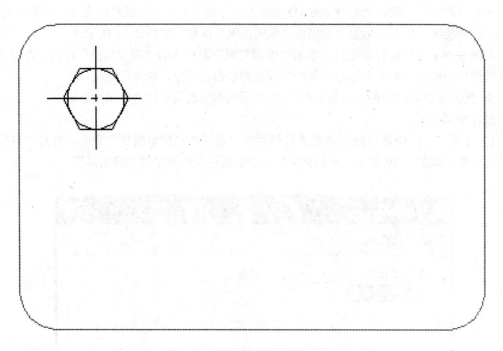

图 7-11　参照和块在位编辑的状态

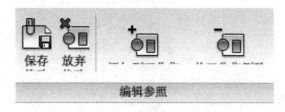

图 7-12　"编辑参照"面板

7.3.4　块编辑器

块编辑器的使用方法和块的在位编辑相似，不同的是它将会打开一个专门的编辑器而不是在原来图形的位置上进行编辑。它主要是为了动态块的创建而设计的，是一个功能更强大的编辑器。

操作步骤如下。

单击功能区"常用"→"块"→"编辑"按钮 。

弹出"编辑块定义"对话框，如图 7-13 所示。在"要创建或编辑的块"中选择"螺栓头部"，单击"确定"按钮，弹出"块编写选项板"，如图 7-14 所示。对块进行编辑修改后再保存图块。

也可以在选择块后单击鼠标右键，从弹出的右键菜单中选择"块编辑器"进行操作。

图 7-13 "编辑块定义"对话框

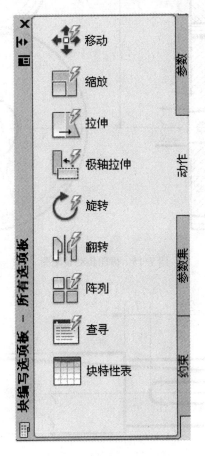

图 7-14 块编写选项板

7.4 实训——图块的创建和插入

1. 用图块插入的方法绘制如图 7-15 所示的圆柱齿轮装配图

绘图提示如下。

1）先绘制如图 7-16～图 7-19 所示的零件图；

2）再把每个零件图定义为外部块；

3）用图块插入的方法进行装配；

4）对装配图进行编辑修改，如图 7-15 所示。

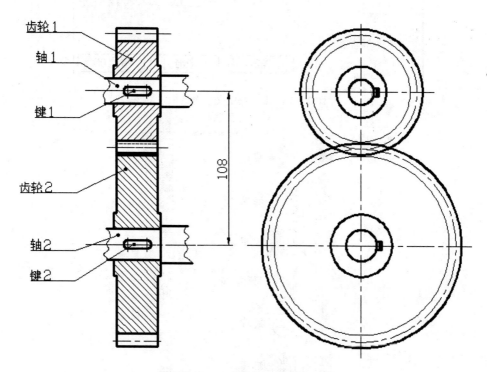

图 7-15　齿轮传动装配图

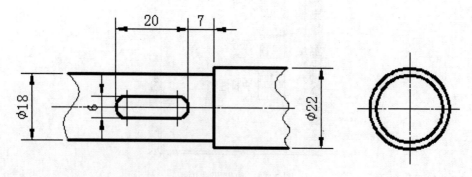

图 7-16　"轴 1"零件图

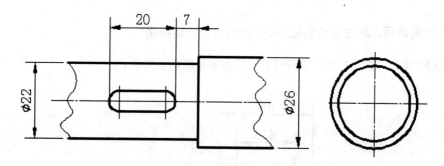

图 7-17 "轴 2" 零件图

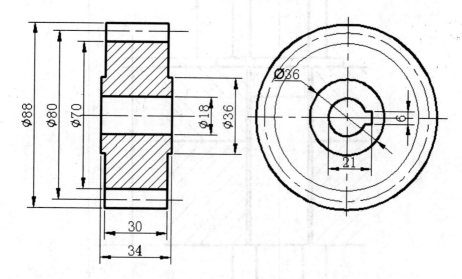

图 7-18 "齿轮 1" 零件图

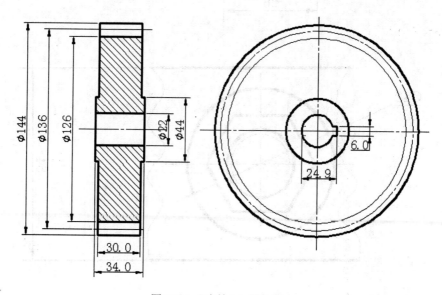

图 7-19 "齿轮 2" 零件图

2．用图块插入的方法绘制图 7-20 所示的螺栓联接图

方法同题 1，如图 7-21～图 7-23 所示为螺栓联接的零件图。

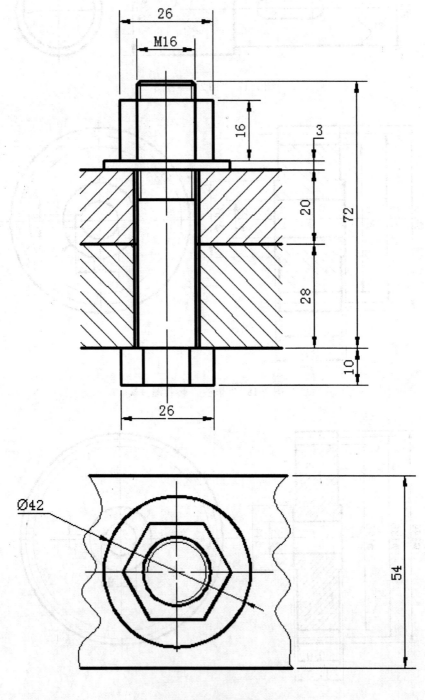

图 7-20　螺栓联接装配图

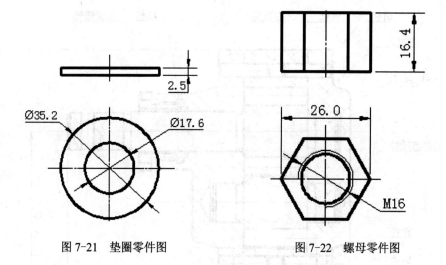

图 7-21 垫圈零件图   图 7-22 螺母零件图

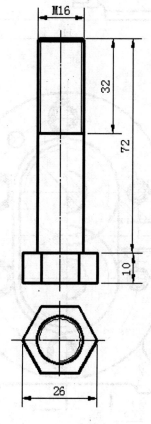

图 7-23 螺栓零件图

3．用图块插入的方法绘制如图 7-24 所示的齿轮油泵装配图

方法同题 1，如图 7-25～图 7-31 所示为齿轮油泵零件图（销钉和垫片可根据其他零件的尺寸自行绘制）。

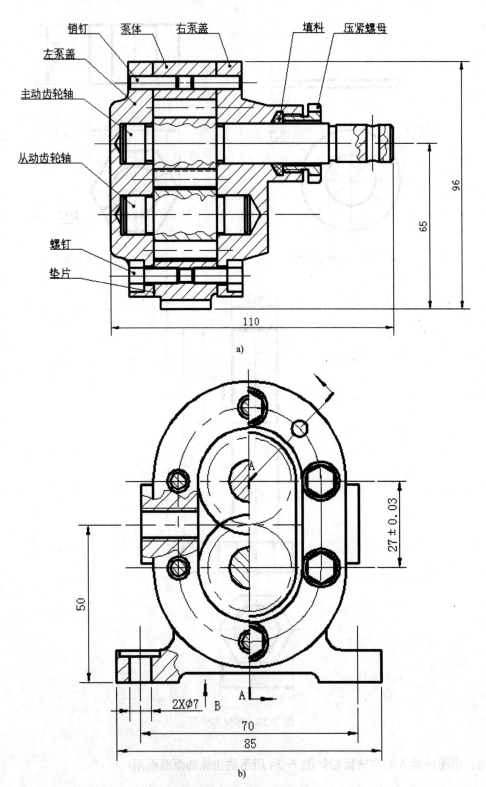

销钉　泵体　右泵盖　填料　压紧螺母

左泵盖

主动齿轮轴

从动齿轮轴

螺钉

垫片

96

65

110

a)

27±0.03

50

2X∅7

70

85

b)

图 7-24　齿轮油泵装配图

a）主视图　b）左视图

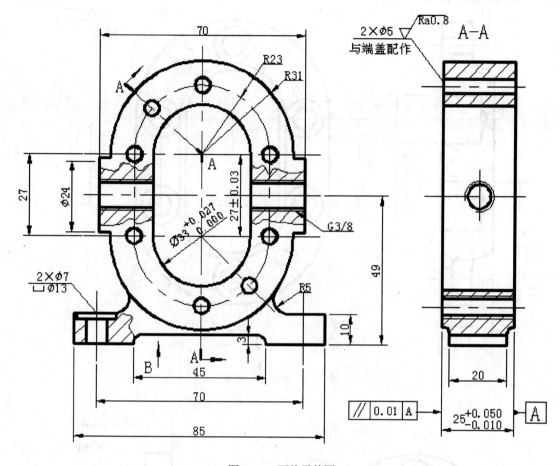

图 7-25 泵体零件图

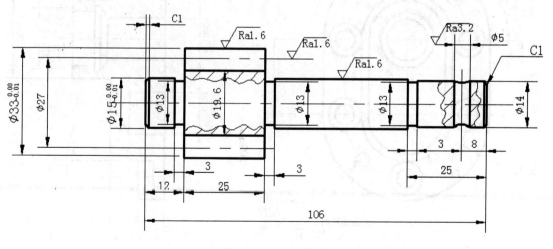

图 7-26 主动齿轮轴

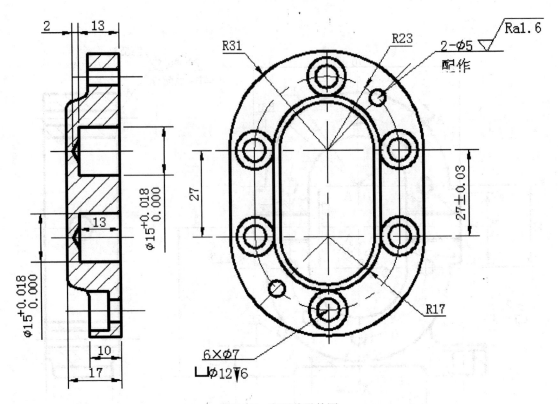

图 7-27　左泵盖零件图

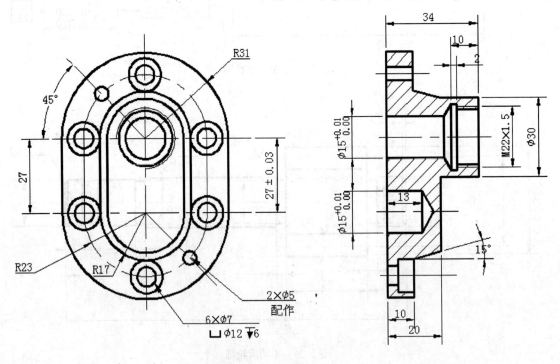

图 7-28　右泵盖零件图

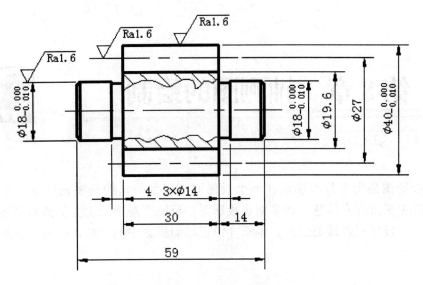

图 7-29　从动齿轮轴零件图

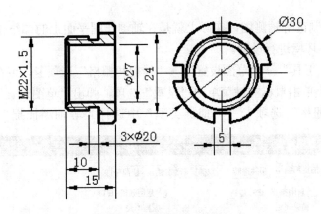

图 7-30　压紧螺母零件图

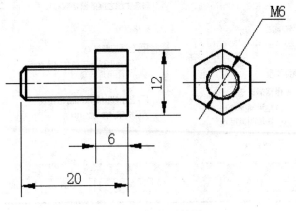

图 7-31　螺钉零件图

第8章 轴测图的绘制

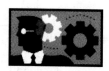

轴测投影图是用平行投影法在一个投影面上得到的，能反映物体长、宽、高的投影。轴测投影图富有立体感，比多面正投影图在反映直观形象上更加清晰易懂。轴测投影分为正轴测投影和斜轴测投影。本章介绍正轴测投影中的一种，即正等轴测投影（简称正等测）。

8.1 轴测图的绘图环境

AutoCAD 绘制正等轴测图，实际上就是在轴测作图平面上的二维作图。在绘制轴测图之前，需要对绘图环境进行设置。

单击菜单项"工具"→"草图设置"→"捕捉和栅格"选项卡，或在"状态栏"中"对象捕捉"按钮 上单击鼠标右键菜单中"设置"选项，弹出"草图设置"对话框。

在"捕捉和栅格"选项卡→"捕捉类型"中选择"等轴测捕捉"单选钮，如图 8-1

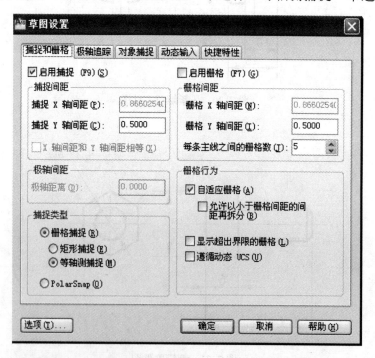

图 8-1 "草图设置"对话框中的"捕捉和栅格"选项卡

所示。在"极轴追踪"选项卡中选择"启用极轴追踪"复选框，并在"增量角"下拉列表框中输入 30，如图 8-2 所示。单击"确定"按钮，回到绘图区，进入等轴测绘图模式。

图 8-2 "极轴追踪"选项卡

按〈F5〉键控制绘图的方向。光标显示如图 8-3 所示。

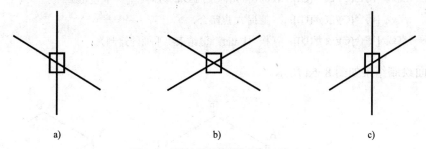

图 8-3 等轴测绘图模式光标显示

a) 左平面 b) 上平面 c) 右平面

其中：

左平面——光标线呈 90°和 150°，如图 8-3a 所示，光标线表示的平面平行于 YOZ 平面。

上平面——光标线呈 30°和 150°，如图 8-3b 所示，光标线表示的平面平行于 XOY 平面。

右平面——光标线呈 30°和 90°，如图 8-3c 所示，光标线表示的平面平行于 XOZ 平面。

至此，等轴测绘图模式设置完成。

8.2 绘制正等轴测图

下面以图 8-4 为例，说明等轴测图的基本绘制方法。

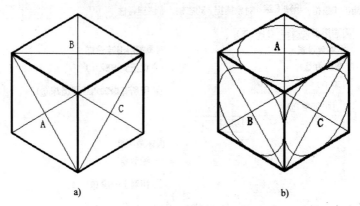

a)   b)

图 8-4　等轴测图的绘制

1．绘制立方体的轴测图

（1）绘制上平面

命令：_line

指定第一点：（指定第一点 A）

指定下一点或 [放弃(U)]：100（将光标拉向 B 的方向，输入长度值）

指定下一点或 [放弃(U)]：100（将光标拉向 C 的方向，输入宽度值）

指定下一点或 [闭合(C)/放弃(U)]：100（将光标拉向 D 的方向，输入长度值）

指定下一点或 [闭合(C)/放弃(U)]：（捕捉 A 点闭合）

指定下一点或 [闭合(C)/放弃(U)]：（按〈Enter〉键结束上平面的绘制）

上平面绘制结果如图 8-5a 所示。

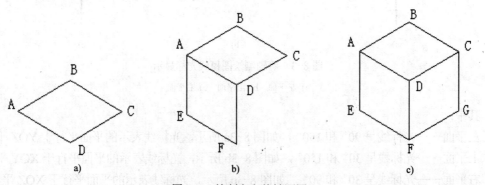

图 8-5　绘制立方体轴测图

a) 绘制上平面　b) 绘制左平面　c) 绘制右平面

（2）绘制左平面

命令：_line

指定第一点：（捕捉第一点 A）

指定下一点或 [放弃(U)]：100（将光标拉向 E 的方向，输入高度值）

指定下一点或 [放弃(U)]：100（将光标拉向 F 的方向，输入宽度值）

指定下一点或 [闭合(C)/放弃(U)]：（捕捉 D 点，单击鼠标右键按"确定"结束绘制）

左平面绘制结果如图 8-5b 所示。

（3）绘制右平面

命令：_line

指定第一点：（捕捉第一点 F）

指定下一点或 [放弃(U)]：100（将光标拉向 G 的方向，输入长度值）

指定下一点或 [闭合(C)/放弃(U)]：（捕捉 C 点，单击鼠标右键按"确定"结束绘制）

右平面绘制结果如图 8-5c 所示。

2．绘制立方体表面上圆形的正等测投影图

圆的轴测图是一个椭圆，按〈F5〉键选定所需作椭圆的坐标面后，光标线立即呈现出所在平面的轴线位置。

绘图步骤如下。

（1）确定等轴测圆的圆心

分别在 3 个平面绘制棱形的对角线，其交点 A、B、C 即为等轴测圆的圆心，如图 8-4a 所示。

（2）绘制上平面等轴测圆

按〈F5〉键将十字光标调到上平面位置⊠。

命令：<等轴测平面 俯视>。

单击菜单项："绘图"→"椭圆"→"轴，端点"命令。

命令：_ellipse

指定椭圆轴的端点或 [圆弧(A)/中心点(C)/等轴测圆(I)]：i（输入 I）

指定等轴测圆的圆心：（捕捉 A 点）

指定等轴测圆的半径或 [直径(D)]：（捕捉椭圆与棱形的切点）

（3）绘制左平面等轴测圆

按〈F5〉键将十字光标调到左平面位置⊕。

命令：<等轴测平面 左视>。

单击菜单项："绘图"→"椭圆"→"轴，端点"命令。

命令：_ellipse

指定椭圆轴的端点或 [圆弧(A)/中心点(C)/等轴测圆(I)]：i（输入 I）

（4）绘制右平面等轴测圆

按〈F5〉键将十字光标调到右平面位置。

命令：<等轴测平面 右视>。

单击菜单项："绘图"→"椭圆"→"轴，端点"命令。

等轴测圆绘制结果如图 8-4b 所示。

★ 正等轴测图绘制实例——绘制如图 8-6 所示的正等轴测图。

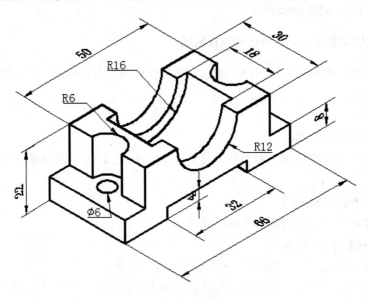

图 8-6 正等轴测图绘制实例

1．打开"机械样板图"，另存为选定路径下的图形文件"轴测图练习"

2．绘图环境设置

1）在"状态栏"中"对象捕捉"按钮上单击鼠标右键菜单中"设置"选项，弹出"草图设置"对话框。

2）在"捕捉和栅格"选项卡→"捕捉类型"中选择"等轴测捕捉"单选按钮。

3）在"极轴追踪"选项卡中选择"启用极轴追踪"复选框，并在"增量角"下拉列表框中输入 30，单击"确定"按钮，回到绘图区，进入等轴测绘图模式。

3. 绘制轴测图

1）绘制上半部分的四棱柱

用画线命令绘制上半部分四棱柱的边框线，如图 8-7a 所示。

2）绘制下半部分的四棱柱

用画线命令绘制下半部分四棱柱的边框线，再进行修剪，结果如图 8-7b 所示。

3）绘制底部的矩形凹槽

用画线命令绘制下半部分凹槽的边框线，再进行修剪，结果如图 8-7c 所示。

4）绘制上半部分的半圆形凹槽

用画椭圆命令、复制命令和修剪命令绘制零件上半部分的半圆形凹槽，如图 8-7d 所示。

5）绘制左右两边的圆孔和半圆形凹槽。

用画椭圆命令、复制命令和修剪命令绘制零件左右两边的半圆形凹槽和圆孔，如图 8-7e 所示。

绘图结束。

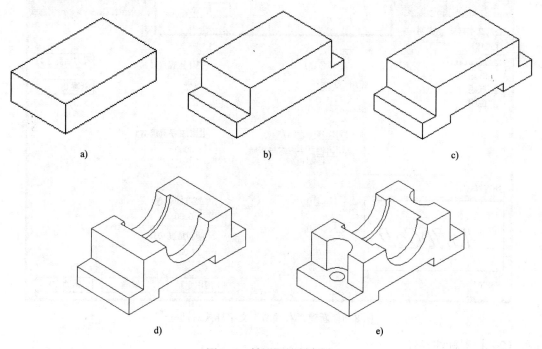

图 8-7　轴测图绘制实例

8.3　轴测图的尺寸标注

等轴测图的标注一般按照以下步骤进行。

（1）设置文字样式

（2）设置标注样式

（3）标注尺寸

（4）调整标注的倾斜角度

每个设置过程的具体操作步骤如下。

（1）设置文字样式

1）单击"注释"选项卡中"文字"面板右下角的 ⬛ 按钮，弹出"文字样式"对话框。单击其中的"新建"按钮，弹出"新建文字样式"对话框，在其中输入文字样式名称"右倾斜"，然后单击"确定"按钮，返回"文字样式"对话框。

2）将字体设置为 gbeitc.shx，图纸文字高度设置为 3，倾斜角度设置为 30°。然后单击"应用"按钮，完成"右倾斜"字体的设置。设置过程如图 8-8 所示。

重复以上操作创建倾斜角度为-30°，其他选项与"右倾斜"字体一致的"左倾斜"字体样式。

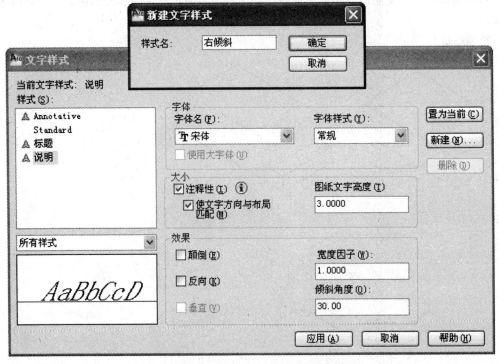

图 8-8　新建"右倾斜"文字样式对话框

（2）设置标注样式

1）单击"注释"选项卡中"标注"面板右下角的 ⬛ 按钮，弹出"标注样式管理器"对话框。单击其中的"新建"按钮。弹出"创建新标注样式"对话框，输入新样式名为"右倾斜"，然后单击"继续"按钮，弹出"新建标注样式：右倾斜"对话框，操作过程如图 8-9 所示。

2）在弹出的"新建标注样式：右倾斜"对话框中，单击"文字"选项卡中"文字外观"→"文字样式"下拉列表框右侧的下拉箭头，从弹出的下拉列表中选择"右倾斜"文字样式，设置过程如图 8-10 所示。

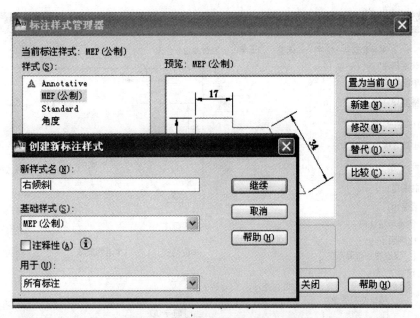

图 8-9　创建"右倾斜"新标注样式

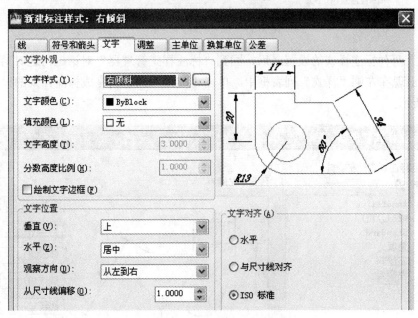

图 8-10　设置新标注样式字体

3）切换至"主单位"选项卡，在"消零"选项组中选中"后续"复选框，单击"确定"按钮完成"新建标注样式：右倾斜"的设置，设置过程如图 8-11 所示。

注意：在"消零"中勾选"后续"是指"不输出所有十进制标注中的后续零"，如 20.50 变成 20.5。

重复以上操作，新建"左倾斜"标注样式，将其中的"文字样式"设置为"左倾斜"，其他设置同"右倾斜"。

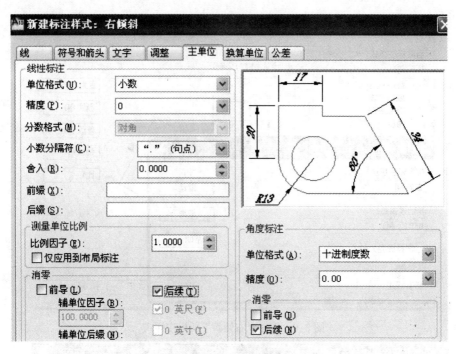

图 8-11　设置消除后续零

完成以上两种标注样式的设置之后，回到"标注样式管理器"对话框，这时两种新建的标注样式已出现在左侧"样式"列表框中。单击"关闭"按钮，完成标注样式的设置，操作如图 8-12 所示。

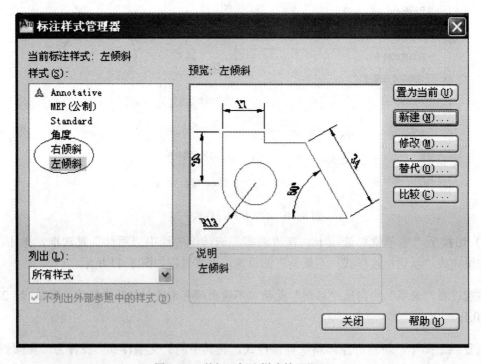

图 8-12　关闭"标注样式管理器"

（3）轴测图的尺寸标注

下面以图 8-6 为例说明轴测图的具体标注过程。

1）用"对齐"命令标注线性尺寸。

单击"常用"→"注释"→"对齐"命令，标注如图 8-13 所示的尺寸。

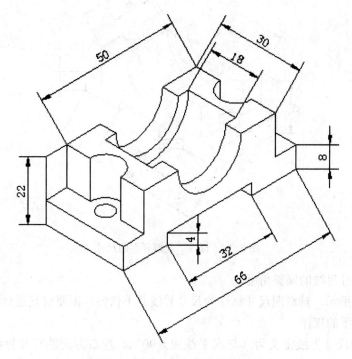

图 8-13　用"对齐"命令标注尺寸

2）选择 30、18 两个尺寸，单击"注释"→"文字"→"管理文字样式"中的"右倾斜"，这两个尺寸向右倾斜 30°，如图 8-14 所示。

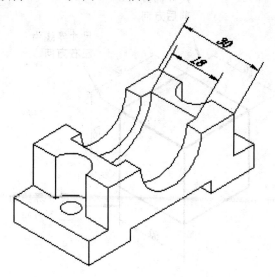

图 8-14　标注"右倾斜"的尺寸

3）选择其余的线性尺寸，单击"注释"→"文字"→"管理文字样式"中的"左倾斜"，其余的尺寸均向左倾斜30°，如图 8-15 所示。

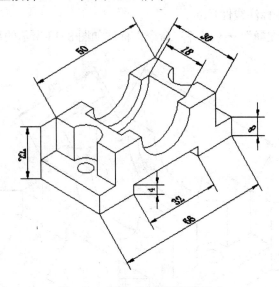

图 8-15 标注"左倾斜"的尺寸

（4）调整尺寸界线的倾斜角度

如图 8-15 所示，轴测图尺寸标注的尺寸界线并不伏帖，需要对其进行调整。尺寸界线的角度调整有如下的规律。

上下方向的尺寸界线定义为（与水平线成）90°，左右方向的尺寸界线定义为（与水平线成）30°，前后方向的尺寸界线定义为（与水平线成）150°，尺寸界线定义的方向如图 8-16 所示。

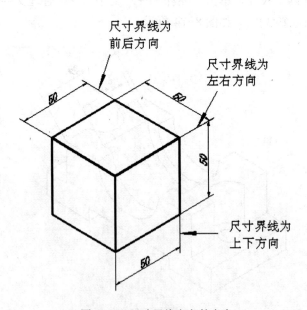

图 8-16 尺寸界线定义的方向

调整尺寸界线方向的步骤如下：

1）选择需要将尺寸界线沿左右方向放置的尺寸标注，单击"注释"→"标注"→"倾斜"命令 ⊢ ，命令行提示如下。

输入倾斜角度 (按 ENTER 表示无)：30（输入角度）

按〈Enter〉键，30、18、22、8、4 五个尺寸的尺寸界线被放置伏帖，如图 8-17 所示。

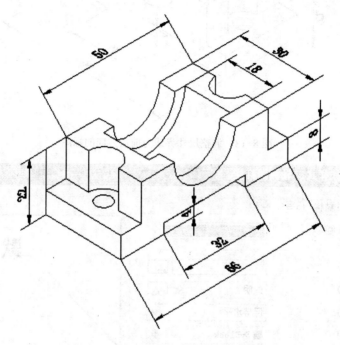

图 8-17　调整尺寸界线为左右方向的标注

2）选择需要将尺寸界线沿前后方向放置的尺寸标注，单击"注释"→"标注"→"倾斜"命令 ⊢ ，命令行提示：

输入倾斜角度 (按 ENTER 表示无)：150（输入角度）

按〈Enter〉键，50、32、66 三个尺寸标注的尺寸界线被放置伏帖，如图 8-18 所示。

（5）引线标注径向尺寸

1）设置引线标注样式。

单击"注释"→"引线"右下角的 图标，打开"多重引线样式管理器"对话框，新建"轴测图标注"样式，单击"继续"按钮，打开"修改多重引线样式：轴测图标注"对话框，在"引线格式"选项卡中选择"符号"为"实心闭合"，输入箭头大小为3。在"引线结构"选项卡中输入"基线距离"为0。在"内容"选项卡的"引线连接"选项组中，选择左、右连接位置均为"第一行加下画线"。依次单击"确定"、"关闭"按钮，完成"引线标注样式"的设置，如图 8-19 所示。

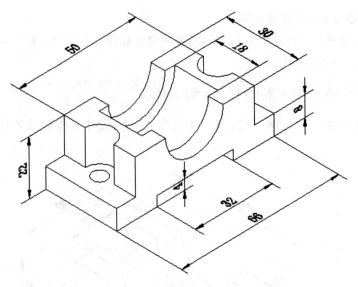

图 8-18　调整尺寸界线为前后方向的标注

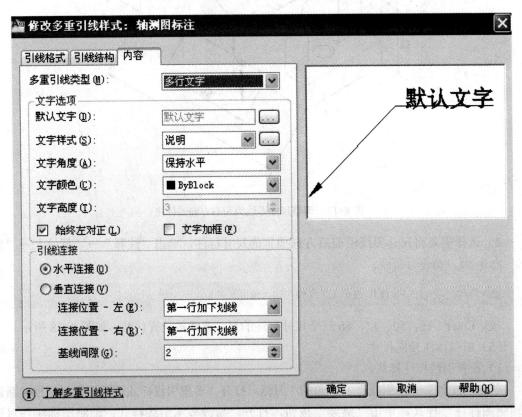

图 8-19　轴测图引线标注样式的设置

2）标注径向尺寸。

径向尺寸包含图中的直径尺寸和半径尺寸，单击"注释"→"引线"→"多重引线"，选择需要标注的圆和圆弧进行标注，标注结果如图 8-20 所示。

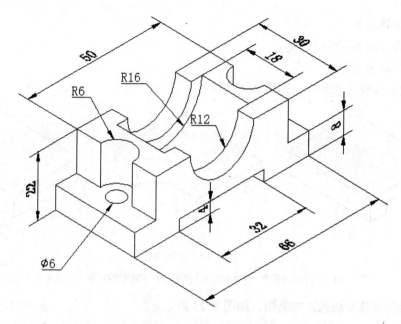

图 8-20　用引线标注径向尺寸

8.4　实训——轴测图的绘制和尺寸标注

■ 课堂练习：绘制如图 8-21 所示的轴测图并标注尺寸

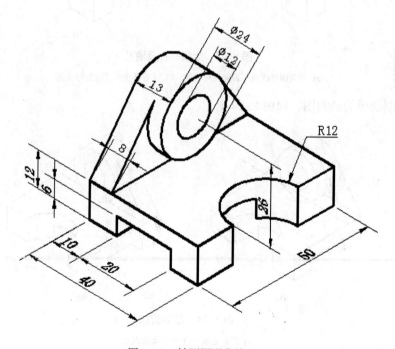

图 8-21　轴测图课堂练习

操作步骤如下。

（1）设置轴测图绘图环境

（2）绘制轴测图

1）绘制底板的轴测图，如图 8-22 所示。

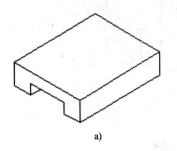 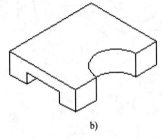 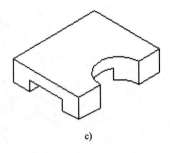

a)　　　　　　　　　　　　　　b)　　　　　　　　　　　　　　c)

图 8-22　绘制底板

a) 绘制底板及通槽　b) 绘制前方半圆孔　c) 绘制通槽和半圆孔的截交线

2）绘制圆柱及通孔的轴测图，如图 8-23 所示。

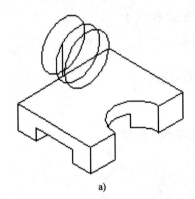 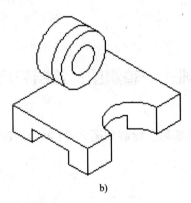

a)　　　　　　　　　　　　　　　　　　b)

图 8-23　绘制圆柱及通孔

a) 绘制圆柱的前后表面及相切面　b) 修剪多余图线及绘制内孔

3）绘制肋板的轴测图，如图 8-24 所示。

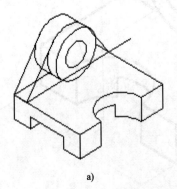 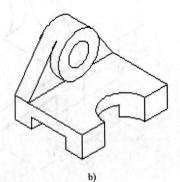

a)　　　　　　　　　　　　　　　　b)

图 8-24　绘制肋板

a) 绘制肋板　b) 修剪多余图线

（3）标注尺寸

1）设置文字样式。

2）设置标注样式。

3）标注尺寸。

① 用"对齐"命令标注线性尺寸，如图 8-25a 所示。

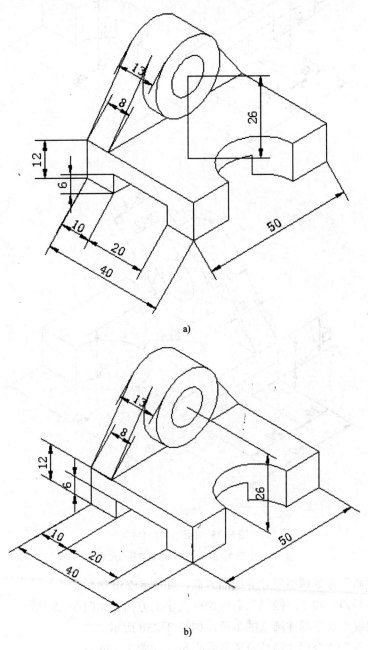

图 8-25　标注尺寸

a) 用"对齐"标注线性尺寸　b) 调整尺寸界线的方向

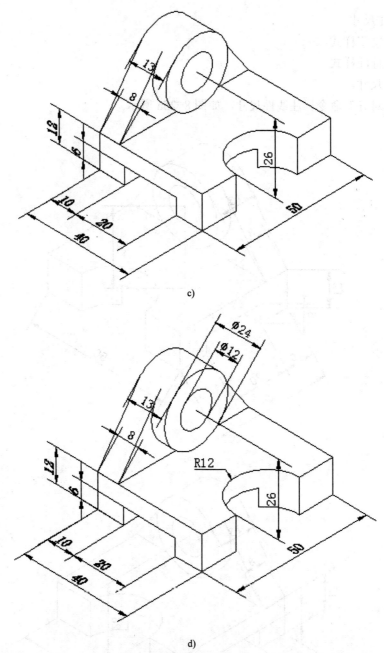

c)

d)

图 8-25　标注尺寸（续）

c) 调整文字的方向　d) 标注径向尺寸

② 用"倾斜"命令调整尺寸界线的方向，如图 8-25b 所示。

③ 用"右倾斜"和"左倾斜"命令调整文字的方向，如图 8-25c 所示。

④ 用"引线"命令标注圆弧的半径，如图 8-25d 所示。

⑤ 用"对齐"命令标注圆柱及通孔的直径，如图 8-25d 所示。

轴测图绘制与标注结束。

■ 课后练习：绘制如图 8-26 所示的轴测图并标注尺寸

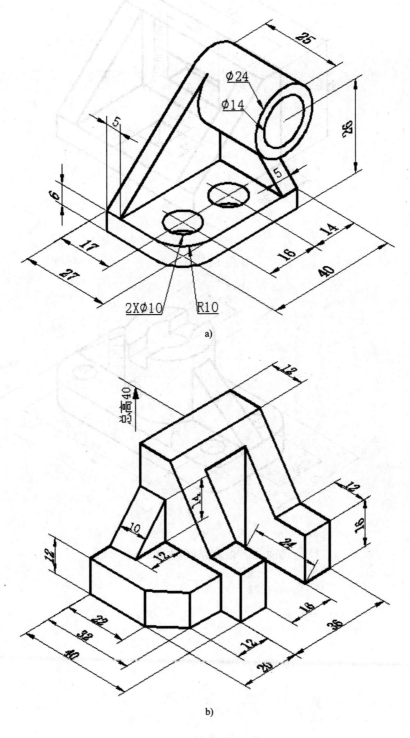

a)

b)

图 8-26　轴测图课后练习

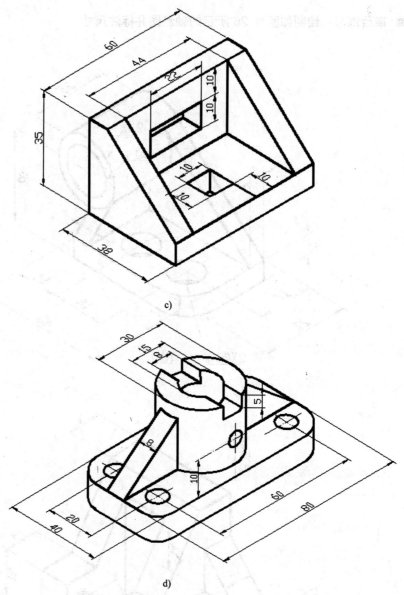

c)

d)

图 8-26　轴测图课后练习（续）

第9章 三维绘图基础

AutoCAD 除具有强大的二维绘图功能外，还具备较强的三维绘图能力，用户可以用多种方法绘制三维实体，进行实体编辑，并可以从各种角度进行三维观察。本章主要介绍三维绘图坐标系的类型、设置以及如何管理和创建三维视图和模型窗口。

9.1 三维坐标系

AutoCAD 2010 的三维坐标系如图 9-1 所示，由 3 个通过同一点且互相垂直的坐标轴构成，3 个坐标轴分别为 X 轴、Y 轴和 Z 轴，其交点为坐标系的原点。从原点出发，沿坐标轴正方向上的点用正的坐标值度量，而沿坐标轴负方向的点用负的坐标值度量。因此，在 AutoCAD 2010 的三维空间中，任一点的位置可由三维坐标系（x，y，z）唯一确定。

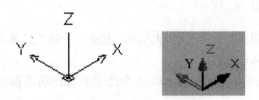

图 9-1 AutoCAD 2010 的三维坐标系

在 AutoCAD 2010 中提供了两个常用坐标系：一个是被称为世界坐标系（WCS）的固定坐标系，另一个是被称为用户坐标系（UCS）的可移动坐标系。

9.1.1 世界坐标系（WCS）

AutoCAD 2010 中默认的坐标系是世界坐标系，世界坐标系是唯一的、固定不变的、不可删除的基本三维坐标系。世界坐标系常用来绘制二维图形。

9.1.2 用户坐标系（UCS）

为了方便地绘制三维图形，AutoCAD 2010 允许用户自定义坐标系即用户坐标系（UCS）。用户坐标系表示了当前坐标系的坐标轴方向和坐标原点位置，也表示了相对于当前 UCS 的 XY 平面的视图方向，尤其在三维建模环境中，它可以根据不同的指定方位来创建模型特征。如图 9-2 所示为三维坐标系设置面板。

图 9-2　三维坐标系设置面板

定义或新建 UCS 的方法如下。

1）功能区："视图" → "坐标" → "UCS" 命令。

2）菜单项："视图" → "UCS" 命令。

3）命令行：UCS。

系统提示如下。

命令：_ucs

指定 UCS 的原点或 [面(F)/命名(NA)/对象(OB)/上一个(P)/视图(V)/世界(W)/X/Y/Z/Z 轴(ZA)] <世界>：（输入对应选项，按〈Enter〉键确认,逐个按提示操作）

"UCS" 命令中各选项的含义如下。

1. 指定 UCS 的原点

该工具是系统默认的 UCS 坐标创建方法，主要用于修改当前用户坐标系的原点位置，坐标轴方向与上一个坐标系相同。

用户可以通过鼠标操作、坐标输入或状态栏中的捕捉功能指定新的 UCS 的原点，按〈Enter〉键结束操作。

2. 面（F）

该工具主要将用户新建 UCS 坐标系的 XY 平面与三维实体上的选定面对齐。通过单击面的边界内部或面的边来选择面，被选中的面将高亮显示，如图 9-3b 所示。

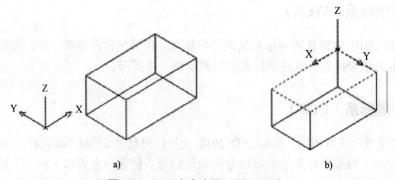

图 9-3　UCS 命令中的 "面" 选项

3. 命名(NA)

按名称保存并恢复通常使用的 UCS 坐标系。选择"命名"选项后，系统提示如下。

输入选项 [恢复(R)/保存(S)/删除(D)/?]：（指定选项）

命名命令中各子选项含义如下。

✧ 恢复（R）：恢复已保存的 UCS，使它成为当前 UCS。

✧ 保存（S）：把当前 UCS 按指定名称保存。

✧ 删除（D）：从已保存的用户坐标系列表中删除指定的 UCS。

✧ （?）：列出当前已定义的 UCS 的名称。

4. 对象(OB)

根据选定的三维对象定义新的坐标系。坐标轴的方向取决于所选对象的类型。当选择一个对象时，新坐标系的原点将放置在创建对象时定义的第一点，X 轴的方向为从原点指向创建该对象时定义的第二点，Z 轴方向自动保持与 XY 平面垂直，如图 9-4b 所示。

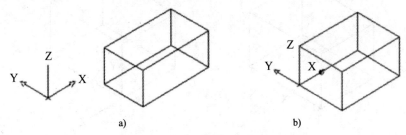

图 9-4　UCS 命令中的"对象"选项

5. 上一个（P）

AutoCAD 2010 将保留最后 10 个在模型空间中创建的用户坐标系以及最后 10 个在图纸空间布局中创建的用户坐标系，重复该选项将逐步返回上一个建立的 UCS 坐标系。但其他图形保持自身更改后的效果。

6. 视图（V）

将用户坐标系的 XY 平面与垂直于观察方向的平面对齐，原点保持不变，但 X 轴和 Y 轴分别变为水平和垂直。该方式主要用于标注文字，当文字需要与当前屏幕平行而不需要与对象平行时，用此方式简单方便，如图 9-5b 所示。

7. 世界（W）

该工具被用来切换回模型或视图的世界坐标系，即 WCS 坐标系。WCS 是所有用户坐标系的基准，它的原点位置和方向始终是保持不变的。

8. X/Y/Z 轴

该方式是绕指定轴旋转当前 UCS，从而生成新的用户坐标系，它可以通过指定两个点或输入一个角度值来确定所需 UCS，如图 9-6b 所示为 XY 平面绕 X 轴旋转 90°而形成的新坐标系。

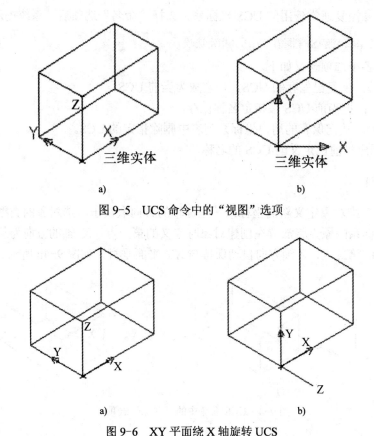

图 9-5　UCS 命令中的"视图"选项

图 9-6　XY 平面绕 X 轴旋转 UCS

9．Z 轴矢量(ZA)

该工具是通过指定一点作为坐标原点，指定一个方向作为 Z 轴的正方向，从而定义新的用户坐标系。此时，系统将根据 Z 轴方向自动设置 X 轴、Y 轴的方向，如图 9-7b 所示。

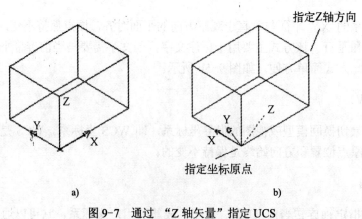

图 9-7　通过 "Z 轴矢量" 指定 UCS

10. 三点

该方式是最简单、最常用的一种方法，只需选取 3 个点就可以确定新坐标系的原点、X 轴、Y 轴的正向。指定的第一个点是坐标原点，再选取一点即作为 X 轴的正向，最后选取一点作为 Y 轴的正向，当 X 轴、Y 轴的方向确定后，Z 轴的方向自然确定,如图 9-8b 所示。

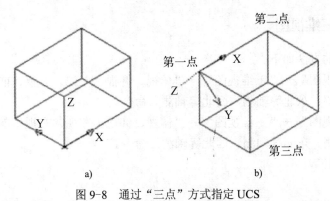

图 9-8　通过 "三点" 方式指定 UCS

9.1.3　恢复世界坐标系

恢复世界坐标系的方法如下。

1）功能区："视图" → "坐标" → "世界" 命令。

2）菜单项："视图" → "世界" 命令。

3）命令行：UCS。

系统提示如下。

命令：_UCS
指定 UCS 的原点或 [面(F)/命名(NA)/对象(OB)/上一个(P)/视图(V)/世界(W)/X/Y/Z/Z 轴(ZA)] <世界>：（按〈Enter〉键结束操作）

恢复世界坐标系如图 9-9b 所示。

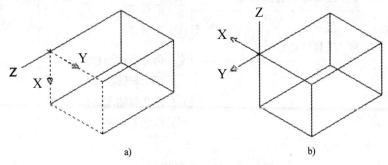

图 9-9　世界坐标系的恢复

a) 用户坐标系 UCS　b) 世界坐标系 WCS

9.2 三维绘图环境的设置

AutoCAD 2010 中的模型空间是三维的，但绘图软件界面显示的是二维图形。要进行三维绘图，首先要掌握三维绘图环境的设置方法，以便在绘图过程中随时掌握绘图信息，并调整好视图效果后进行出图。

9.2.1 选择预设三维视图

预设三维视图的方法如下。

1）功能区："视图"→"三维视图"→"俯视、仰视、左视、右视、前视、后视、西南等轴测、东南等轴测、东北等轴测、西北等轴测"命令。

2）菜单项："视图"→"三维视图"→"俯视、仰视、左视、右视、前视、后视、西南等轴测、东南等轴测、东北等轴测、西北等轴测"命令。

3）命令行：VIEW。

操作步骤如下。

单击菜单项"视图"→"三维视图"→"俯视、仰视、左视、右视、前视、后视、西南等轴测、东南等轴测、东北等轴测、西北等轴测"命令，在下拉菜单中选择对应三维观察方向，如图 9-10 所示。

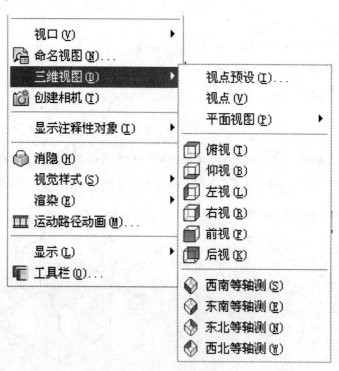

图 9-10　预设三维视图菜单

如在命令行中输入"VIEW"后按〈Enter〉键，则弹出"视图管理器"对话框，单击对话框中"预设视图"选项，弹出 10 种常见预设视图，如图 9-11 所示。用户可以根据绘图需要选择适合的视图方向。

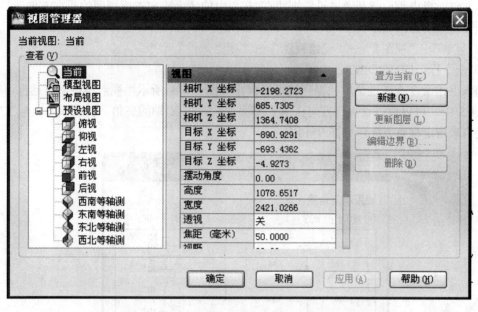

图 9-11 "视图管理器"对话框中的"预设视图"选项

如图 9-12 所示为一个三维实体模型的 4 种预设视图。

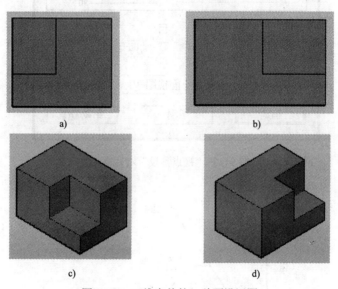

图 9-12 三维实体的 4 种预设视图

a) 前视方向　b) 左视方向　c) 西南等轴测方向　d) 西北等轴测方向

9.2.2 选择预设视点

当观察者在绘图或观察时想要建立自己需要的三维方向时，AutoCAD 2010 提供了视点预设功能。

视点可以看作是观察三维模型时观察方向的起点，从视点到观察对象目标之间的连线表示观察方向。视点预设就是通过设置视线在 UCS 中的角度确定三维视图的观察方向。

预设视点的方法如下。

1）菜单项："视图" → "三维视图" → "视点预设"命令。

2）命令行：DDVPOINT。

输入上述命令或通过菜单栏操作就可以弹出如图 9-13 所示"视点预设"对话框。在选定的 UCS 中，可以通过设置该方向在 XY 平面上投影与 X 轴的夹角，以及该方向与 XY 平面的夹角来指定视点方向，如图 9-14 所示。

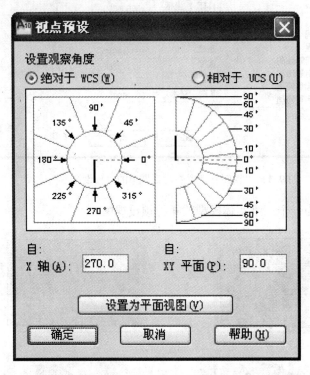

图 9-13 "视点预设"对话框

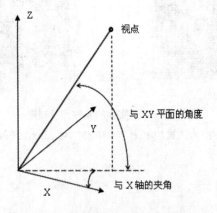

图 9-14 "视点预设"对话框中夹角含义

"视点预设"对话框中各选项含义如下。

◇ "绝对于 WCS"选项：表明所设视点以 WCS 坐标系设置角度，与当前 UCS 无关。

◇ "相对于 UCS"选项：表明针对当前 UCS 设置查看方向。

9.2.3 视图的命名与管理

AutoCAD 2010 提供命令和工具按钮以及菜单选项管理视图，可以对视图进行新建、更新、删除、编辑等操作。

视图命名和管理的方法如下。

1）功能区："视图"→"命名视图"命令。

2）菜单项："视图"→"命名视图"命令。

3）命令行：VIEW。

操作步骤如下。

单击工具栏"视图"→"命名视图"按钮 ，弹出"视图管理器"对话框，如图 9-15 所示。在"视图管理器"对话框中用户可以创建、设置、重命名、修改和删除命名视图。

图 9-15 "视图管理器"对话框

"视图管理器"对话框中各个选项的含义如下。

◇ 当前：显示当前视图的名称、相机坐标以及目标坐标等信息。

◇ 模型视图：显示命名视图和相机视图列表，并列出选定视图的"基本"、"查看"和"剪裁"特性。

◇ 布局视图：在定义视图的布局上显示视口列表，并列出选定视图的"基本"和"查看"特性。

◇ 预设视图：显示正交视图和等轴测视图列表，并列出选定视图的"基本"特性。

单击"新建"按钮，也可以弹出"新建视图/快照特性"对话框，如图9-16所示。

"新建视图/快照特性"对话框中各个选项的含义如下。

◇ "视图名称"文本框：用户可以指定新建视图的名称。

◇ "视图类别"下拉列表框：指定命名视图的类别。从列表中选择一个视图类别，输入新的类别或保留此选项为空。

◇ "视图类型"下拉列表框：指定命名视图的视图类型。可以从"电影式"、"静止"或"录制的漫游"中选择。"录制的漫游"仅适用于模型空间视图。

◇ "视图特性"选项卡：可定义要显示的图形区域，并控制视图中对象的视觉外观以及为命名视图指定的背景。

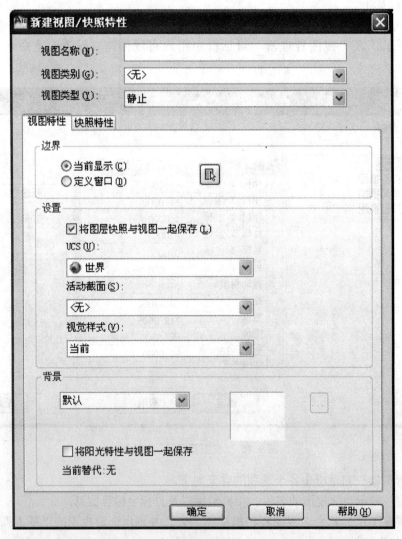

图9-16 "新建视图/快照特性"对话框

◇ "快照特性"选项卡：设置在播放视图时的转场和运动形式。

◇ "当前显示"单选按钮：使用当前视图作为新视图。

◇ "定义窗口"单选按钮：单击显示绘图窗口，通过指定两个对角点来定义视图的范围。

9.3 三维动态观察方法

在三维建模环境中，为了创建和编辑三维模型各部分的结构特征，需要不断地调整显示方式和视图位置，以便更好地观察三维模型。本节将主要介绍三维视图的显示方式和设置不同方位观察三维视图的方法和技巧。

9.3.1 三维动态观察

AutoCAD 2010 提供了一个交互的三维动态观察器。三维动态观察器的作用是对图形进行三维动态观察，设计者可以应用光标实时、动态控制模型的观察方向。

进入三维观察模式后，转盘的中心将作为观察的目标点，并且该目标点保持不动。此时，可以在屏幕上拖动光标，三维动态观察器将根据光标的运动方向改变视点位置，使之绕圆盘中心（即目标点）移动，从而实现对目标模型的动态观察。

1. 三维动态观察

动态观察的方法如下。

1）功能区："视图"→"导航"→"动态观察"命令。

2）菜单项："导航"→"动态观察"命令。

3）命令行 1：3DORBIT（受约束的动态观察，输入 3dorbit，按〈Enter〉键确认）。

4）命令行 2：3DFORBIT（自由动态观察，输入 3dforbit，按〈Enter〉键确认）。

5）命令行 3：3DCORBIT（连续动态观察，输入 3dcorbit，按〈Enter〉键确认）。

操作步骤如下。

单击菜单项"视图"→打开导航面板（如图 9-17 所示）→单击动态观察按钮"⬢"，弹出下拉选项（图 9-18 所示），可以单击对应图标按钮，选择 3 种不同的动态观察方式。

图 9-17 导航面板

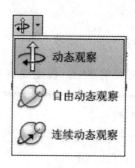

图 9-18 动态观察选项

（1）受约束的动态观察

1）要沿 Z 轴旋转，可以单击鼠标左键，上下拖动光标。

2）要沿 XY 平面旋转，可以单击鼠标左键，左右拖动光标。

3）要沿 XY 平面和 Z 轴进行不受约束的动态观察，可以按住〈Shift〉键拖动光标，依据出现的导航球进行动态观察。

（2）自由动态观察

当启用自由动态观察命令时，将在绘图区域出现一个圆形转盘，并在上下左右方向的边上均布 4 个小圆，如图 9-19 所示。当三维动态观察器激活时，观察点或观察目标将保持不变，观察位置所在的点将绕目标移动，转盘中心是目标点。用户在转盘不同位置移动光标时，光标图形会发生改变，以指示当前旋转方向。

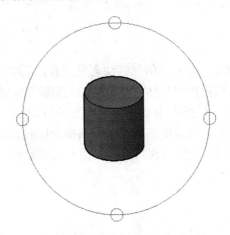

图 9-19　自由动态观察

（3）连续动态观察

启用命令之前，可以查看整个图形，或者选择一个或多个对象。启用此命令之前选择多个对象中的一个可以限制为仅显示此对象。命令处于激活状态时，单击鼠标右键可以显示快捷菜单中的其他选项。在绘图区域中单击并沿任意方向拖动定点设备，来使对象沿正在拖动的方向开始移动。释放定点设备上的按钮，对象在指定的方向上继续进行它们的轨迹运动。设置光标移动的速度可决定对象的旋转速度。可通过再次单击并拖动来改变连续动态观察的方向。在绘图区域中单击鼠标右键并从快捷菜单中选择选项，也可以修改连续动态观察的显示。

2. 视图观察方向的调整与设置

在三维动态观察器中，视图观察方向还可以通过对视点位置、角度、视图的投影方式进行调整。

（1）视距调整

可以利用光标控制相机与目标之间距离，使目标显示得更近或更远。

视距调整的方法如下。

1）功能区："视图"→"导航"→"动态观察"命令，单击鼠标右键打开右键菜单，选择"其他导航模式"→"调整视距"命令。

2）菜单项："视图"→"相机"→"调整视距"命令。

3）命令行：3DDISTANCE。

单击"调整视距"按钮🗺️，此时绘图区域中的光标发生变化，在屏幕上单击同时拖动鼠标光标，垂直向上可以使相机靠近目标，使对象显得更大；垂直向下可以使相机远离目标，使对象显得更小。

（2）回旋相机

可以利用相机的旋转，改变目标的位置和视图的偏转角度。

回旋相机的方法如下。

1）功能区："视图"→"导航"→"动态观察"命令，单击鼠标右键打开右键菜单，选择"其他导航模式"→"回旋"命令。

2）菜单项："视图"→"相机"→"回旋"命令。

3）命令行：3DSWIVEL。

执行该命令后光标更改为圆弧形箭头，并模拟回旋相机的效果。

9.3.2 着色和消隐

在三维视图中，三维模型显示的形式多样，既有不同的视觉样式，又可以使用消隐模式和各种着色模式显示模型，以表现模型的表面和立体感。

1. 视觉样式

在 AutoCAD 2010 中，用户可以创建 3 种类型的三维模型：线框模型、表面模型及实体模型。这 3 种模型在计算机上的显示方式是相同的，即以线架结构显示出来，但用户可用特定命令使表面模型及实体模型的真实性表现出来。

（1）线框模型

线框模型是一种轮廓模型，它是用线（3D 空间的直线及曲线）表达三维立体，不包含面及体的信息，不能使该模型消隐或着色。又由于其不含有体的数据，用户也不能得到对象的质量、重心、体积、惯性矩等物理特性。如图 9-20a 显示了立体的线框模型，在不消隐模式下能够看到后面的线。

（2）表面模型

表面模型是用物体的表面表示物体。表面模型具有面及三维立体边界信息。表面不透明，能遮挡光线，因而表面模型可以被渲染及消隐。对于计算机辅助加工，用户还可以根据零件的表面模型形成完整的加工信息。如图 9-20b 所示为表面模型的消隐效果。

（3）实体模型

实体模型具有线、表面、体的全部信息。对于此类模型，可以区分对象的内部及外部，可以对它进行打孔、切槽和添加材料等布尔运算，对实体装配进行干涉检查，分析模型的质量特性，如质心、体积和惯性矩等。对于计算机辅助加工，用户还可以利用实体模型的数据生成数控加工代码，进行数控刀具轨迹仿真加工等。如图 9-20c 所示为实体模型。

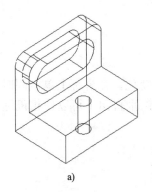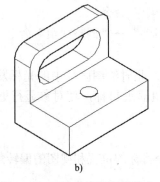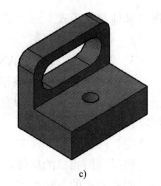

a)   b)   c)

图 9-20 三维实体的视觉样式

a) 线框模型　　b) 表面模型　　c) 实体模型

2. 创建着色功能和消隐视图

除了在三维动态观察器中，通过选择快捷菜单中的"视觉样式"各种选项来创建着色视图外，还可以在不启动三维动态观察器的情况下，直接创建着色视图和消隐视图。

创建着色视图和消隐视图的方法如下。

1）功能区："视图"→ "导航"→"动态观察"命令，单击鼠标右键打开右键菜单，选择"视觉样式"命令。

2）菜单项："视图"→"视觉样式"命令。

3）命令行：SHADEMODE。

执行该命令后，系统提示如下。

[二维线框(2)/三维线框(3)/三维隐藏(H)/真实(R)/概念(C)/其他(O)] <概念>:

"视觉样式"命令中各子选项含义如下。

◇ 二维线框：显示用直线和曲线表示边界的对象。

◇ 三维线框：显示用三维线框表示的对象。

◇ 三维隐藏：显示用三维线框表示的对象并隐藏看不见的轮廓，具有消隐功能。

◇ 真实：着色多边形平面间对象，并使对象的边平滑，并附着设定的材质。

◇ 概念：着色多边形平面间对象，并使对象的边平滑。

除了在上述选项中选择"三维隐藏（H）"命令和模式外，也可以直接在命令行键入"HI"命令，按〈Enter〉键确认，就可以将绘图窗中的模型消隐。

9.4　实训——三维绘图环境的设置

1. 如图 9-21 所示，分别建立满足以下要求的 UCS（即用户坐标系）

1）UCS 的原点位于 A 点，X 轴沿 AB 方向，Y 轴沿 AC 方向。

2）UCS 的原点位于 E 点，X 轴沿 EF 方向，Y 轴沿 EH 方向。

3）UCS 的原点位于 F 点，X 轴沿 FG 方向，Y 轴沿 FI 方向。

4）UCS 的原点位于 C 点，X 轴沿 CA 方向，Y 轴沿 CD 方向。

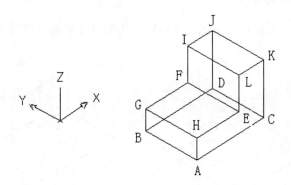

图 9-21　三维绘图环境设置练习

操作步骤如下。

1）单击"视图"→"坐标"→"UCS"命令。

命令：_ucs
当前 UCS 名称：
指定 UCS 的原点或 [面(F)/命名(NA)/对象(OB)/上一个(P)/视图(V)/世界(W)/X/Y/Z/Z 轴(ZA)] <世界>：（捕捉 A 点）
指定 X 轴上的点或 <接受>：（捕捉 B 点）
指定 XY 平面上的点或 <接受>：（捕捉 C 点）

坐标显示如图 9-22c 所示。用同样的方法，用户可自行设置其余 3 种 UCS 坐标，设置结果如图 9-22a、图 9-22b、图 9-22d 所示。

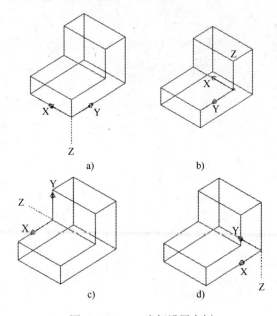

图 9-22　UCS 坐标设置实例

2. 消隐与视觉样式练习

如图 9-23 所示，用户可自行练习三维实体的消隐效果和不同的视觉样式效果。

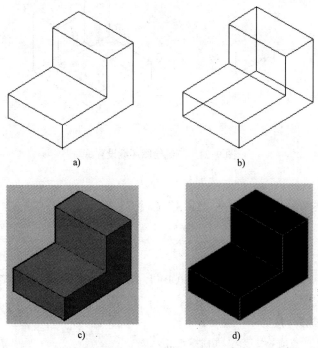

图 9-23　消隐与视觉样式练习

a) 消隐　b) 二维线框　c) 概念　d) 真实

第10章 三维实体的绘制与编辑

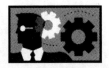

AutoCAD 提供多种创建、编辑三维实体的命令。三维实体模型可以由基本实体命令创建，也可以由二维平面图形生成三维实体模型。我们可以编辑三维实体模型的指定面、指定边，还可以编辑三维实体模型中的体。使用对基本实体的布尔运算可以创建出复杂的三维实体模型。

10.1 三维实体的绘制

在状态栏"切换工作空间"中将工作空间切换到"三维建模"，在功能区"常用"工具栏中出现与三维建模相关的工具面板，如图 10-1 所示。

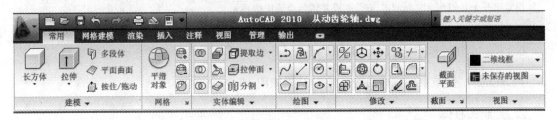

图 10-1 "三维建模"中的"常用"工具栏

在"建模"工具面板上单击"长方体"图标下方的箭头，展开基本三维实体绘图命令图标，如图 10-2a 所示。单击"拉伸"图标下方的箭头，展开从二维图形创建三维实体命令图标，如图 10-2b 所示。用户可以根据绘图需要直接单击图标绘制三维图形。

10.1.1 基本三维实体的绘制

1. 绘制长方体

调用"长方体"命令▢的方法如下。

1）功能区："常用"→"建模"→"长方体"命令。

2）菜单项："绘图"→"建模"→"长方体"命令。

3）命令行：BOX。

系统提示如下。

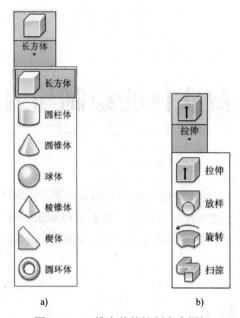

a)   b)

图 10-2   三维实体的绘制命令图标

a) 直接绘制三维实体命令   b) 从二维图形创建三维实体命令

命令：_box

指定第一个角点或 [中心(C)]：（指定长方体角点或中心点）

指定其他角点或 [立方体(C)/长度(L)]：（指定长方体另一角点或选项）

指定高度或 [两点(2P)]：（指定长方体的高度）

按〈Enter〉键结束长方体命令，绘制结果如图 10-3a 所示。

2. 绘制圆柱体

调用"圆柱体"命令⬜的方法如下。

1）功能区："常用"→"建模"→"圆柱体"命令。

2）菜单项："绘图"→"建模"→"圆柱体"命令。

3）命令行：CYLINDER。

系统提示如下。

命令：_cylinder

指定底面的中心点或 [三点(3P)/两点(2P)/切点、切点、半径(T)/椭圆(E)]：（指定圆柱体中心点）

指定底面半径或 [直径(D)]：（指定圆柱体半径或直径）

指定高度或 [两点(2P)/轴端点(A)] <默认值>：（指定圆柱体高度值或顶面的中心点）

按〈Enter〉键结束圆柱体命令，绘制结果如图 10-3b 所示。

3. 绘制圆锥体

调用"圆锥体"命令△的方法如下。

1）功能区："常用"→"建模"→"圆锥体"命令。

2）菜单项："绘图"→"建模"→"圆锥体"命令。

3）命令行：CONE。

系统提示如下。

命令：_cone

指定底面的中心点或 [三点(3P)/两点(2P)/切点、切点、半径(T)/椭圆(E)]：（指定圆锥体底面中心点）

指定底面半径或 [直径(D)] <默认值>：（指定圆锥体半径或直径）

指定高度或 [两点(2P)/轴端点(A)/顶面半径(T)] <默认值>：（指定圆锥体高度值或选项）

按〈Enter〉键结束圆锥体命令，绘制结果如图 10-3c 所示。

4. 绘制球体

调用"球体"命令◯的方法如下。

1）功能区："常用"→"建模"→"球体"命令。

2）菜单项："绘图"→"建模"→"球体"命令。

3）命令行：SPHERE。

系统提示如下

命令：_sphere

指定中心点点或 [三点(3P)/两点(2P)/切点、切点、半径(T)]：（指定球体中心点）

指定半径或 [直径(D)] <默认值>：（指定球体半径或直径）

按〈Enter〉键结束球体命令，绘制结果如图 10-3d 所示。

5. 绘制棱锥体

调用"棱锥体"命令△的方法如下。

1）功能区："常用"→"建模"→"棱锥体"命令。

2）菜单项："绘图"→"建模"→"棱锥体"命令。

3）命令行：PYRAMID。

系统提示如下。

命令：_pyramid

4 个侧面　外切

指定底面的中心点或 [边(E)/侧面(S)]：s（选择侧面选项）

输入侧面数 <4>：（输入侧面个数）

指定底面的中心点或 [边(E)/侧面(S)]（指定棱锥底面的中心点）

指定底面半径或 [内接(I)] <默认值>：（指定底面半径）

指定高度或 [两点(2P)/轴端点(A)/顶面半径(T)] <默认值>：（指定棱锥体高度）

按〈Enter〉键结束棱锥体命令，绘制结果如图 10-3e 所示。

6. 绘制楔体

调用"楔体"命令◣的方法如下。

1）功能区："常用"→"建模"→"楔体"命令。

2）菜单项："绘图"→"建模"→"楔体"命令。

3）命令行：WEDGE。

系统提示如下。

命令：_wedge

指定第一个角点或 [中心(C)]：（指定楔体该底面矩形的第 1 个角点）

指定其他角点或 [立方体(C)/长度(L)]：（指定楔体底面矩形的另一个角点或立方体或边长）

指定高度或 [两点(2P)] <默认值>：（指定楔体的高度值）

按〈Enter〉键结束楔体命令，绘制结果如图 10-3f 所示。

7. 绘制圆环体

调用"圆环体"命令◎的方法如下。

1）功能区："常用"→"建模"→"圆环体"命令。

2）菜单项："绘图"→"建模"→"圆环体"命令。

3）命令行：TORUS。

系统提示如下。

命令：_torus

指定中心点或 [三点(3P)/两点(2P)/切点、切点、半径(T)]：（指定圆环体中心点）

指定半径或 [直径(D)] <默认值>：（指定圆环体半径或直径）

指定圆管半径或 [两点(2P)/直径(D)]：（指定圆管半径或直径）

按〈Enter〉键结束圆环体命令，绘制结果如图 10-3g 所示。

8. 绘制多段体

调用"多段体"命令的方法如下。

1）功能区："常用"→"建模"→"多段体"命令。

2）菜单项："绘图"→"建模"→"多段体"命令。

3）命令行：POLYSOLID。

系统提示如下。

命令：_polysolid

高度 = 4.0000, 宽度 = 0.2500, 对正 = 居中

指定起点或 [对象(O)/高度(H)/宽度(W)/对正(J)] <对象>：（指定多段体的起点）

指定下一个点或 [圆弧(A)/放弃(U)]：（指定多段体的第 2 点）

> 指定下一个点或 [圆弧(A)/放弃(U)]:（指定多段体的第 3 点）
>
> ……
>
> 指定下一个点或 [圆弧(A)/闭合(C)/放弃(U)]:（指定多段体的最后一点）
>
> 指定下一个点或 [圆弧(A)/闭合(C)/放弃(U)]:（按〈Enter〉键结束绘制）

绘制结果如图 10-3h 所示。

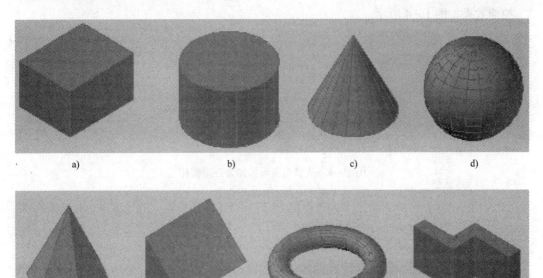

a)　　　　　　　　b)　　　　　　　　c)　　　　　　　　d)

e)　　　　　　　　f)　　　　　　　　g)　　　　　　　　h)

图 10-3　基本三维实体造型

a) 长方体　b) 圆柱　c) 圆锥　d) 球体　e) 棱锥体　f) 楔体　g) 圆环体　h) 多段体

10.1.2　从二维图形创建三维实体

在 AutoCAD 2010 中，除了运用实体命令直接绘制三维实体外，用户还可以通过拉伸、放样、旋转和扫掠等命令创建三维实体。

1. 拉伸

"EXTRUDE"命令可以拉伸二维对象生成三维实体或曲面。若拉伸闭合对象，则生成实体，否则生成曲面。操作时，可指定拉伸高度值及拉伸对象的锥角，还可沿某一直线或曲线路径进行拉伸，如图 10-4 所示。

调用"拉伸"命令 的方法如下。

1）功能区："常用"→"建模"→"拉伸"命令。

2）命令行：EXTRUDE。

系统提示如下。

命令：_extrude

当前线框密度：ISOLINES=20

选择要拉伸的对象：（选择要拉伸的二维闭合对象）

选择要拉伸的对象：（按〈Enter〉键）

指定拉伸的高度或 [方向(D)/路径(P)/倾斜角(T)] <默认值>：（指定拉伸高度或选项）

拉伸效果如图 10-4 所示。

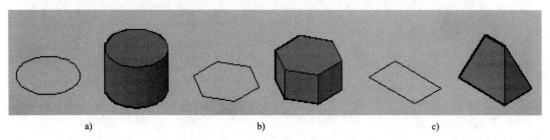

图 10-4　从二维图形拉伸为三维实体

a) 平面圆拉伸为圆柱　b) 平面正六边形拉伸为正六棱柱　c) 平面四边形拉伸为楔体

2. 放样

"LOFT"命令可对一组平面轮廓曲线进行放样形成实体或曲面。若所有轮廓是闭合的，则生成实体，否则生成曲面。放样时轮廓线或全部闭合或全部开放，不能使用既包含开放轮廓又包含闭合轮廓的选择集。

放样实体或曲面中间轮廓的形状可按照所给出的横截面来控制。如果选择"仅横截面"，系统弹出"放样设置"对话框，如图 10-5 所示。根据需要设置对话框中的参数，单击"确定"按钮，生成放样三维实体，如图 10-6 所示。也可利用放样路径来控制，放样路径始于第一个轮廓所在的平面，结束于最后一个轮廓所在的平面。另一种控制放样形状的方法是导向曲线，将轮廓上对应的点通过导向曲线连接起来，使轮廓按预定方式进行变化。轮廓的导向曲线可以有多条，每条导向曲线必须与各轮廓相交，始于第一个轮廓，止于最后一个轮廓。

调用"放样"命令◯的方法如下。

1）功能区："常用"→"建模"→"放样"命令。

2）命令行：LOFT。

系统提示如下。

命令：_loft

按放样次序选择横截面：（按放样次序选择第 1 个横截面）

按放样次序选择横截面：（按放样次序选择第 2 个横截面）

……

按放样次序选择横截面：（按放样次序选择第 3 个横截面，或按〈Enter〉键结束选择）

输入选项 [导向(G)/路径(P)/仅横截面(C)] <仅横截面>：（输入选项）

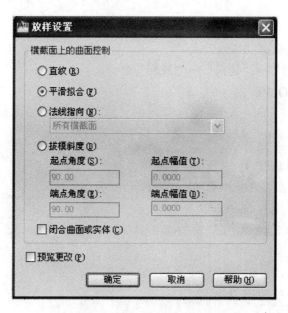

图 10-5 "放样设置"对话框

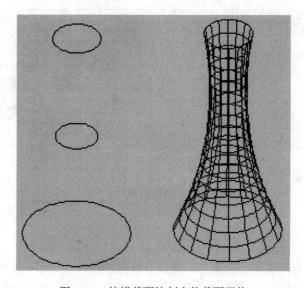

图 10-6 按横截面控制实体截面形状

"放样"命令中各子选项含义如下。

◇ 导向:利用连接各个轮廓的导向曲线控制放样实体或曲面的截面形状。

◇ 路径:指定放样实体或曲面的路径,路径要与各个轮廓截面相交。

◇ 仅横截面:按照所给出的横截面控制实体的截面形状。

3. 旋转

"REVOLVE"命令可以旋转二维对象生成三维实体。若二维对象是闭合的,则生成实体,否则生成曲面。用户可以通过选择直线、指定两点或 x 轴、y 轴来确定旋转轴,如

图 10-7 所示。

调用“旋转”命令的方法如下。

1）功能区：“常用”→“建模”→“旋转”命令。

2）命令行：REVOLVE。

系统提示如下。

```
命令：_revolve
当前线框密度：ISOLINES=4
选择要旋转的对象：（选择要旋转的二维闭合对象）
选择要旋转的对象：（按〈Enter〉键结束选择）
指定轴起点或根据以下选项之一定义轴 [对象(O)/X/Y/Z] <对象>：（指定旋转轴的起点）
指定轴端点：（指定旋转轴的终点）
指定旋转角度或 [起点角度(ST)] <360>：（指定旋转角度）
输入旋转角度后，系统完成创建旋转实体。
```

旋转效果如图 10-7 所示。

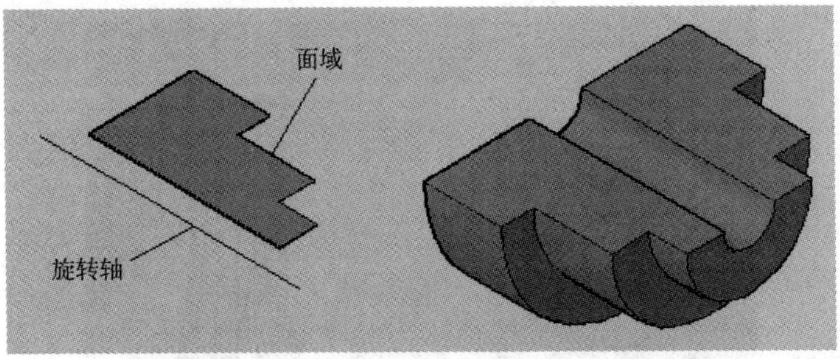

a)　　　　b)

图 10-7　旋转面域形成实体

4．扫掠

“SWEEP”命令可以将平面轮廓沿二维或三维路径进行扫掠形成实体或曲面，如图 10-8 所示。若二维轮廓是闭合的，则生成实体，否则生成曲面。扫掠时轮廓一般会被移动并被调整到与路径垂直的方向。默认情况下，轮廓形心将与路径起始点对齐，但也可指定轮廓的其他点作为扫掠对齐点。

调用“扫掠”命令的方法如下。

1）功能区：“常用”→“建模”→“扫掠”命令。

2）命令行：SWEEP。

系统提示如下。

```
命令：_sweep
选择要扫掠的对象：（选择要扫掠的对象）
```

选择要扫掠的对象：（选择要扫掠的对象或按〈Enter〉键结束选择）

选择扫掠路径或 [对齐(A)/基点(B)/比例(S)/扭曲(T)]：（选择扫掠路径或选项）

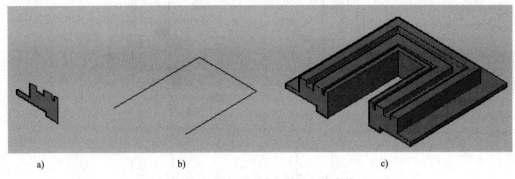

a)   b)   c)

图 10-8　将二维对象扫掠为三维实体

a) 扫掠对象　b) 扫掠路径　c) 扫掠而成的三维实体

系统完成扫掠操作。扫掠效果如图 10-8 所示。

10.2　三维实体的布尔运算

AutoCAD 2010 的布尔运算功能贯穿建模的整个过程，尤其是在建立一些机械零件的三维模型时使用更为频繁。该运算用来确定多个体（曲面或实体）之间的组合关系，也就是说通过该运算可将多个实体组合为一个实体，从而实现一些特殊的造型，如孔、槽、凸台和齿轮特征都是执行布尔运算组合而成的新特征。

10.2.1　并集运算

并集运算是将两个或两个以上的实体（或面域）对象组合成为一个新的组合对象。执行并集操作后，原来各实体相互重合的部分变为一体，如图 10-9 所示。

调用"并集"命令⑩的方法如下。

1）功能区："常用" → "实体编辑" → "并集"命令。

2）菜单项："修改" → "实体编辑" → "并集"命令。

3）命令行：UNION。

系统提示如下。

命令：_union

选择对象：（选择需要叠加的对象）

选择对象：（选择需要叠加的对象）

选择对象：（选择需要叠加的对象，按〈Enter〉键结束选择）

图 10-9b 所示为实体 A 与实体 B 叠加后的结果。

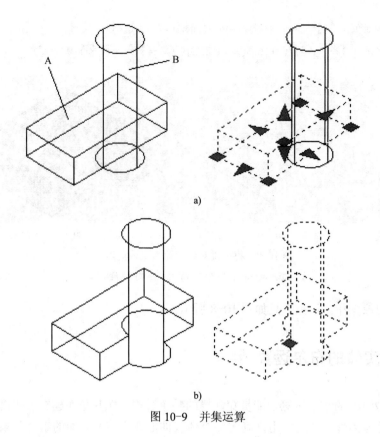

a)

b)

图 10-9　并集运算

10.2.2　差集运算

差集运算就是将一个对象减去另一个对象从而形成新的组合对象。与并集操作不同的是首先选取的对象为被剪切对象，之后选取的对象则为剪切对象。

调用"差集"命令⊙⊙的方法如下。

1）功能区："常用"→"实体编辑"→"差集"命令。

2）菜单项："修改"→"实体编辑"→"差集"命令。

3）命令行：SUBTRACT。

系统提示如下。

命令：_subtract

选择要从中减去的实体、曲面和面域...

选择对象：（选择要从中剪去的实体、曲面或面域）

选择对象：（按〈Enter〉键结束选择）

选择要减去的实体、曲面和面域...

选择对象：（选择要减去的实体、曲面或面域）

......

选择对象：（选择要减去的实体、曲面或面域，或按〈Enter〉键结束选择）

图 10-10b 为从实体 A 中减去实体 B 后的结果。

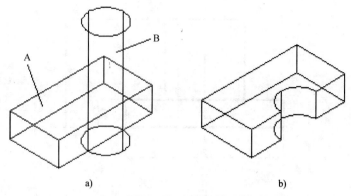

a) b)

图 10-10 差集运算

10.2.3 交集运算

在三维建模过程中执行交集运算可获取两相交实体的公共部分，从而获得新的实体，该运算是差集运算的逆运算。

调用"交集"命令 ⑩ 的方法如下。

1）功能区："常用"→"实体编辑"→"交集"命令。

2）菜单项："修改"→"实体编辑"→"交集"命令。

3）命令行：INTERSECT。

系统提示如下。

命令：_intersect

选择对象：（选择需要相交的对象）

选择对象：（选择需要相交的对象）

......

选择对象：（选择需要相交的对象或按〈Enter〉键结束选择）

图 10-11b 为实体 A 和实体 B 相交后的结果。

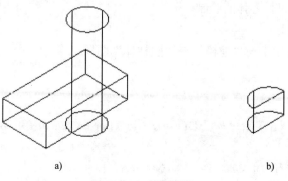

a) b)

图 10-11 交集运算

★ 布尔运算操作实例——绘制如图 10-12 所示组合体的三维实体图。

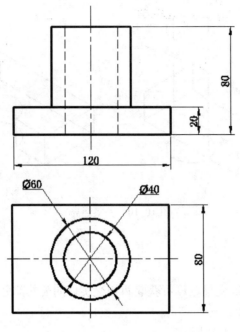

图 10-12　组合体的二视图

1．分别绘制组成零件的长方体和圆柱

（1）绘制长方体底板

单击功能区："常用"→"建模"→"长方体"图标。

系统提示如下。

命令：_box
指定第一个角点或 [中心(C)]：（指定第一个角点）
指定其他角点或 [立方体(C)/长度(L)]：@80,120（输入长方体底面的另一个角点）
指定高度或 [两点(2P)] <-88.0000>：20（输入高度）

按〈Enter〉键结束长方体的绘制。

（2）绘制外部圆柱

单击功能区："常用"→"建模"→"圆柱体"图标。

系统提示如下。

命令：_cylinder
指定底面的中心点或 [三点(3P)/两点(2P)/切点、切点、半径(T)/椭圆(E)]：60,40（输入外部圆柱的中心点）
指定底面半径或 [直径(D)] <30.0000>：30（输入外部圆柱的半径）
指定高度或 [两点(2P)/轴端点(A)] <60.0000>：80（输入外部圆柱的高度）

按〈Enter〉键结束圆柱的绘制。

（3）绘制内部圆孔

单击功能区："常用"→"建模"→"圆柱体"图标。

系统提示如下。

命令：_cylinder

指定底面的中心点或 [三点(3P)/两点(2P)/切点、切点、半径(T)/椭圆(E)]：60,40（输入内部圆柱的中心点）

指定底面半径或 [直径(D)] <30.0000>：20（输入内部圆柱的半径）

指定高度或 [两点(2P)/轴端点(A)] <60.0000>：80（输入内部圆柱的高度）

按〈Enter〉键结束圆柱体绘制，结果如图 10-13a 所示。

2．对 3 个独立的三维实体进行布尔运算

（1）并集运算

单击功能区"常用"→"实体编辑"→"并集"命令。

系统提示如下。

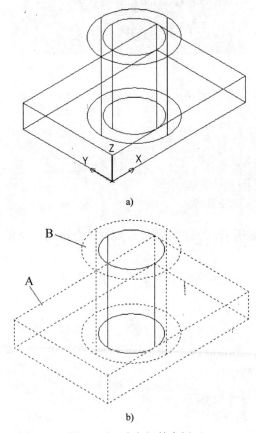

a)

b)

图 10-13 布尔运算实例

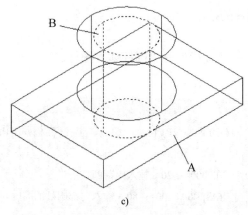

c)

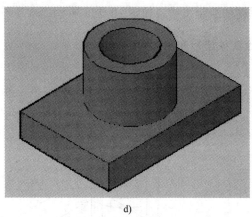

d)

图 10-13　布尔运算实例（续）

命令：_union
选择对象：（选择长方体 A）
选择对象：（选择圆柱体 B）
选择对象：（按〈Enter〉键结束选择）

执行结果如图 10-13b 所示，长方体和外部圆柱体合成为一个整体。
（2）差集运算
单击功能区："常用"→"实体编辑"→"差集"命令。
系统提示如下。

命令：_subtract
选择要从中减去的实体、曲面和面域...
选择对象：（选择叠加后的实体 A）
选择对象：（按〈Enter〉键结束选择）
选择要减去的实体、曲面和面域...
选择对象：（选择内部圆孔 B）

执行结果如图 10-13c 所示，内部圆柱被从实体上剪去，形成一个圆孔。

（3）单击"常用"→"视图"→"概念"选项，视觉效果如图 10-13d 所示

10.3　三维实体的基本编辑命令

与二维图形的编辑一样，用户也可以对三维曲面、实体进行编辑。对于二维图形的许多编辑命令同样适合于三维图形，如复制、移动等。AutoCAD 2010 还专门提供了用于编辑三维图形的命令。

10.3.1　三维实体的镜像

使用三维镜像工具能够将三维对象通过镜像平面获取与之完全相同的对象，其中镜像平面可以是与 UCS 坐标系平面平行的平面或三点确定的平面。

调用"三维镜像"命令 的方法如下。

1）功能区："常用"→"修改"→"三维镜像"命令。

2）菜单项："修改"→"三维操作"→"三维镜像"命令。

3）命令行：MIRROR3D。

系统提示如下。

> 命令：_mirror3d
>
> 选择对象：（选择要镜像的对象）
>
> 选择对象：（按〈Enter〉键结束选择）
>
> 指定镜像平面（三点）的第一个点或[对象(O)/最近的(L)/Z 轴(Z)/视图(V)/XY(XY)/YZ(YZ)/ZX (ZX)/三点(3)]<三点>：（指定镜像平面第 1 点或选项）
>
> 在镜像平面上指定第二个点：（指定镜像平面第 2 点）
>
> 在镜像平面上指定第三个点：（指定镜像平面第 3 点）
>
> 是否删除源对象？[是(Y)/否(N)]<否>：（确定是否保留镜像源对象）

★　三维镜像操作实例——绘制如图 10-14b 所示的三维实体。

（1）绘制三维实体

1）单击功能区"常用"→"建模"→"长方体"命令。

系统提示如下。

> 命令：_box（绘制长方体命令）
>
> 指定第一个角点或 [中心(C)]：（指定底面的第一个角点）
>
> 指定其他角点或 [立方体(C)/长度(L)]：@40,60（输入底面另一角点的坐标）
>
> 指定高度或 [两点(2P)] <0.0000>：30（输入高度）

2）单击功能区："常用"→"建模"→"圆柱"命令。

系统提示如下。

命令：_cylinder（绘制圆柱命令）

指定底面的中心点或 [三点(3P)/两点(2P)/切点、切点、半径(T)/椭圆(E)]：（捕捉长方体上的点确定圆柱底面的中心）

指定底面半径或 [直径(D)] <默认值>：20（输入底面半径）

指定高度或 [两点(2P)/轴端点(A)] <默认值>：30（输入圆柱的高度）

3）单击功能区："常用"→"建模"→"圆柱"命令。

系统提示如下。

命令：_cylinder（绘制圆柱命令画出内孔）

指定底面的中心点或 [三点(3P)/两点(2P)/切点、切点、半径(T)/椭圆(E)]：（捕捉长方体上的点确定圆柱底面的中心）

指定底面半径或 [直径(D)] <20.0000>：10（输入内孔底面半径）

指定高度或 [两点(2P)/轴端点(A)] <30.0000>：30（输入内孔的高度）

三维实体的一半如图 10-14a 所示。

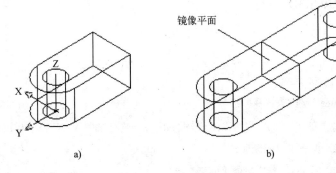

图 10-14　三维镜像实例

（2）三维镜像实体

单击功能区："常用"→"修改"→"三维镜像"命令。

系统提示如下。

命令：_mirror3d（三维镜像命令）

选择对象：选择要镜像的对象

指定镜像平面 (三点) 的第一个点或

[对象(O)/最近的(L)/Z 轴(Z)/视图(V)/XY(XY)/YZ(YZ)/ZX(ZX)/三点(3)] <三点>：（按〈Enter〉键选择"三点"选项）

在镜像平面上指定第一点：（指定镜像平面上的第 1 点）

在镜像平面上指定第二点：（指定镜像平面上的第 2 点）

三维镜像结果如图 10-14b 所示。

10.3.2　三维实体的对齐

三维对齐命令可以将三维对象与其他三维对象对齐到面、边或点。

调用"三维对齐"命令 📇 的方法如下：

1）功能区："常用"→"修改"→"三维对齐"命令。

2）菜单项："修改"→"三维操作"→"三维对齐"命令。

3）命令行：3DALIGN。

系统提示如下。

命令：_3dalign

选择对象：（指定要改变位置的"源"对象）

选择对象：（按〈Enter〉键结束选择）

指定源平面和方向 ...

指定基点或 [复制(C)]：（指定"源"对象的第 1 点）

指定第二个点或 [继续(C)] <C>：（指定"源"对象的第 2 点）

指定第三个点或 [继续(C)] <C>：（指定"源"对象的第 3 点）

指定目标平面和方向 ...

指定第一个目标点：（指定目标位置的第 1 点）

指定第二个目标点或 [退出(X)] <X>：（指定目标位置的第 2 点）

指定第三个目标点或 [退出(X)] <X>：（指定目标位置的第 3 点）

★ 三维对齐操作实例。

单击功能区："常用"→"修改"→"三维对齐"命令。

系统提示如下。

命令：_3dalign

选择对象：（单击图 10-15a 中倾斜的半圆柱）

选择对象：（按〈Enter〉键结束选择）

指定源平面和方向 ...

指定基点或 [复制(C)]：（捕捉倒角轮廓线上的点 1）

指定第二个点或 [继续(C)] <C>：（捕捉上平面圆心点 2）

指定第三个点或 [继续(C)] <C>：（捕捉倒角轮廓线上的点 3）

指定目标平面和方向 ...

指定第一个目标点：（捕捉倒角轮廓线上的点 4）

指定第二个目标点或 [退出(X)] <X>：（捕捉上平面圆心点 5）

两个半圆柱按指定点对齐，再用"并集"命令将其合成为一个整圆柱即可，如图 10-15b 所示。

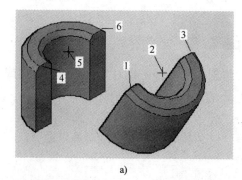

a)

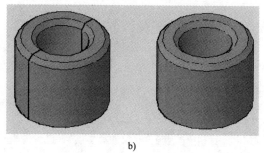

b)

图 10-15　三维对齐实例

a) 两个分开的三维实体　b) 使用"对齐"命令将两实体合并到一起

10.3.3　三维实体的阵列

使用三维阵列工具可以在三维空间中按矩形阵列或环形阵列的方式，创建指定对象的多个副本。

调用"三维阵列"命令的方法如下。

1）功能区："常用"→"修改"→"三维阵列"命令。

2）菜单项："修改"→"三维操作"→"三维阵列"命令。

3）命令行：3DARRAY。

系统提示如下。

命令：_3darray

选择对象：（选择要阵列的对象）

选择对象：（按〈Enter〉键结束选择）

输入阵列类型 [矩形(R)/环形(P)] <矩形>：（如选择矩形阵列按〈Enter〉键）

输入行数 (---) <1>：（指定矩形阵列的行方向数值）

输入列数 (|||) <1>：（指定矩形阵列的列方向数值）

按〈Enter〉键，系统完成阵列操作，三维实体的阵列实例如图 10-16 所示。

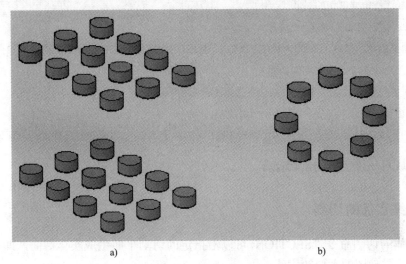

a)   b)

图 10-16　三维陈列命令

a) 三维矩形阵列　　b) 三维环形阵列

10.3.4　三维实体的剖切

通过剖切命令"SLICE"可以剖切或拆分现有对象来创建新的三维实体或曲面。

使用剖切命令剖切三维实体或曲面时，可以通过多种方法定义剖切平面。例如，可以指定 3 个点、一条轴、一个曲面或一个平面对象用作剖切平面。可以保留剖切对象的一半或两半均保留，如图 10-17 所示。

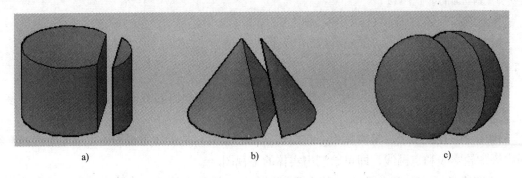

a)   b)   c)

图 10-17　三维实体的剖切

调用"剖切"命令的方法如下。

1）功能区："常用"→"实体编辑"→"剖切"命令。

2）菜单项："修改"→"三维操作"→"剖切"命令。

3）命令行：SLICE。

系统提示如下。

命令：_slice

选择对象：（指定要剖切的对象）

选择对象：（按〈Enter〉键结束选择）

指定切面上的第一个点，依照[对象(O)/Z 轴(Z)/视图(V)/XY(XY)/YZ(YZ)/ZX(ZX)/三点(3)]<三点>：（指定剖切面上的第 1 个点或选项确定剖切面）

指定平面上的第二个点：（指定剖切面上的第 2 个点）

指定平面上的第三个点：（指定剖切面上的第 3 个点）

在所需的侧面上指定点或 [保留两个侧面(B)] <保留两个侧面>：（根据需要确定是否保留两个侧面）

系统完成对三维实体的剖切操作。

10.3.5　三维实体的切割

三维实体的切割命令"SECTION 可以沿指定的切割平面生成实体截面，即可以通过切割实体生成其零件图的主要轮廓线。

下面通过切割如图 10-18a 所示的实体来说明"切割"命令的操作方法和应用。

1）在命令行中输入"SECTION"命令并按〈Enter〉键，利用"切割"命令切割实体。系统提示如下。

命令：_section

选择对象：（单击实体）

选择对象：（按〈Enter〉键结束选择）

指定截面上的第一个点,依照[对象(O)/Z 轴(Z)/视图(V)/XY(XY)/YZ(YZ)/ZX(ZX)/三点(3)] <三点>：（捕捉实体上剖切面的第 1 个点）

指定平面上的第二个点：（捕捉实体上剖切面的第 2 个点）

指定平面上的第三个点：（捕捉实体上剖切面的第 3 个点）

切割结果如图 10-18b 所示。

2）单击"修改"工具栏中的"移动"按钮，选择切割出的截面为移动对象，将其移动到适当位置，如图 10-18c 所示。

由图 10-18c 所示，沿实体中心平面切割出的截面，是实体主视图的主要轮廓线。在截面中添加轮廓线和点画线，即可绘制出实体的主视图。

"切割"命令与"剖切"命令的主要区别在于：切割实体后，实体中增加的轮廓线是截面轮廓线，实体未发生任何变化；而剖切实体后，在实体上增加的轮廓线是剖断面的轮廓线，实体被剖切为两部分。

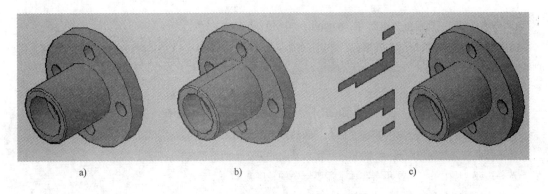

a)   b)   c)

图 10-18 三维实体的切割

10.3.6 三维实体倒角

利用"倒角"命令可以进行三维倒角操作，如图 10-19 所示。但操作方法和二维倒角不同。

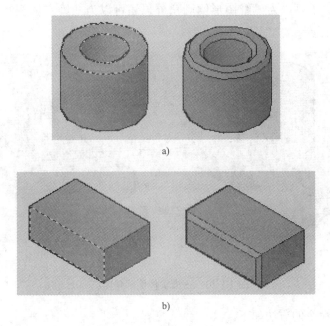

a)

b)

图 10-19 三维实体倒角实例

调用"倒角"命令的方法如下。

1）功能区："常用"→"修改"→"倒角"命令。

2）菜单项："修改"→"倒角"命令。

3）命令行：CHAMFER。

系统提示如下。

命令：_chamfer

（"修剪"模式）当前倒角距离 1 = 0.0000，距离 2 = 0.0000

选择第一条直线或 [放弃(U)/多段线(P)/距离(D)/角度(A)/修剪(T)/方式(E)/多个(M)]：（单击实体上需要倒角的棱线）

基面选择...

输入曲面选择选项 [下一个(N)/当前(OK)] <当前(OK)>：（按〈Enter〉键，选择"当前"选项）

指定基面的倒角距离 <0.0000>：（输入基面的第 1 个倒角距离）

指定其他曲面的倒角距离 <0.0000>：（输入基面的第 2 个倒角距离）

选择边或 [环(L)]：（再次单击实体上需要倒角的轮廓线）

选择边或 [环(L)]：（单击其他需要倒角的轮廓线）

选择边或 [环(L)]：（按〈Enter〉键结束目标选择）

倒角命令操作结束。

10.3.7 三维实体倒圆角

"圆角"工具除了可以为二维图形倒圆角外，还可以为三维实体倒圆角，如图 10-20b 所示。

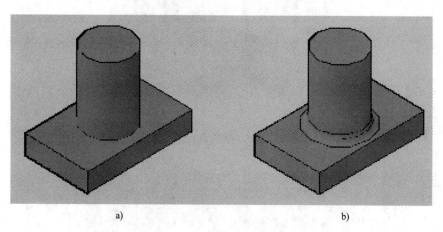

a)　　　　　　　　　　　　　　　　b)

图 10-20　三维实体倒圆角实例

调用"圆角"命令的方法如下。

1）功能区："常用"→"修改"→"圆角"命令。

2）菜单项："修改"→"圆角"命令。

3）命令行：FILLET。

系统提示如下。

命令：_fillet

当前设置：模式 = 修剪，半径 = 0.0000

选择第一个对象或 [放弃(U)/多段线(P)/半径(R)/修剪(T)/多个(M)]：（选择实体上要倒圆角的边）

| 输入圆角半径：（输入圆角半径） |
| 选择边或 [链(C)/半径(R)]：（指定其他要倒圆角的边） |

倒圆角命令操作结束。

10.3.8 抽壳

"抽壳"命令可将实体以指定的厚度，形成一个空的薄层，同时还允许将某些指定面排除在壳外。指定正值从圆周外开始抽壳，指定负值从圆周内开始抽壳。

调用"抽壳"命令▣的方法如下。

1）功能区："常用"→"实体编辑"→"抽壳"命令。

2）菜单项："修改"→"实体编辑"→"抽壳"命令。

3）命令行：SOLIDEDIT。

系统提示如下。

| 命令：_solidedit |
| 实体编辑自动检查：SOLIDCHECK=1 |
| 输入实体编辑选项 [面(F)/边(E)/体(B)/放弃(U)/退出(X)] <退出>：_body |
| 输入体编辑选项 |
| [压印(I)/分割实体(P)/抽壳(S)/清除(L)/检查(C)/放弃(U)/退出(X)] <退出>：_shell |
| 选择三维实体：（单击要抽壳的三维实体） |
| 删除面或 [放弃(U)/添加(A)/全部(ALL)]：（单击要删除的面） |
| 删除面或 [放弃(U)/添加(A)/全部(ALL)]：（按〈Enter〉键结束选择） |
| 输入抽壳偏移距离：（输入抽壳偏移距离） |
| 已开始实体校验。 |
| 已完成实体校验。 |
| 输入体编辑选项 |
| [压印(I)/分割实体(P)/抽壳(S)/清除(L)/检查(C)/放弃(U)/退出(X)] <退出>：（按〈Enter〉键结束选择） |
| 实体编辑自动检查：SOLIDCHECK=1 |
| 输入实体编辑选项 [面(F)/边(E)/体(B)/放弃(U)/退出(X)] <退出>：（按〈Enter〉键完成抽壳操作） |

图 10-21a 所示为抽壳前的三维实体，图 10-21b～图 10-21f 为各种抽壳后的效果。其中 A 所指的面为需删除的面。

10.3.9 拉伸面

调用"拉伸面"命令▣的方法如下。

1）功能区："常用"→"实体编辑"→"拉伸面"命令。

2）菜单项："修改"→"实体编辑"→"拉伸面"命令。

3）命令行：SOLIDEDIT。

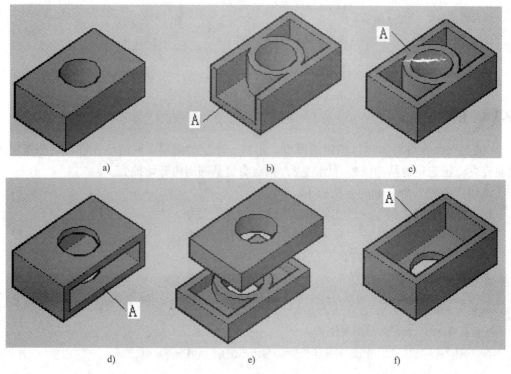

a)   b)   c)

d)   e)   f)

图 10-21　三维实体的抽壳操作

系统提示如下。

命令：_solidedit
选择面或 [放弃(U)/删除(R)]：（选择要拉伸的面，如图 10-22a 中虚线所示）
选择面或 [放弃(U)/删除(R)/全部(ALL)]：（按〈Enter〉键结束选择）
指定拉伸高度或 [路径(P)]：（输入要拉伸的高度）
指定拉伸的倾斜角度 <0.00>：（输入要拉伸的倾斜角度）

三维实体按要求被拉伸，拉伸效果如图 10-22 所示。

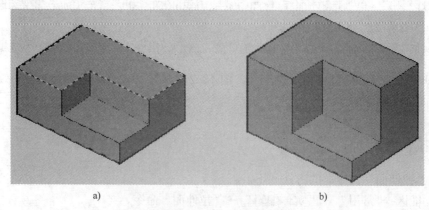

a)   b)

图 10-22　拉伸面操作实例

a) 选择上平面为需要拉伸的平面　b) 上平面拉伸后的效果

10.4 实训——三维实体的绘制与编辑

■ 课堂练习

1. 绘制如图 10-23 所示弹簧的三维实体模型（圈数为 12）

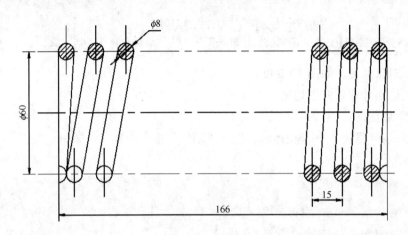

图 10-23 弹簧主视图

操作步骤如下。

（1）绘制螺旋线及扫掠对象圆

1）绘制螺旋线。

单击功能区："常用"→"绘图"→"螺旋"图标▇。

系统提示如下。

> 命令：_helix
>
> 指定底面的中心点：（指定底面的中心点）
>
> 指定底面半径或 [直径(D)] <1.0000>：30（输入底面半径值）
>
> 指定顶面半径或 [直径(D)] <30.0000>：（按〈Enter〉键）
>
> 指定螺旋高度或 [轴端点(A)/圈数(T)/圈高(H)/扭曲(W)] <1.0000>：t（选择圈数 T）
>
> 输入圈数 <3.0000>：12（输入圈数值）
>
> 指定螺旋高度或 [轴端点(A)/圈数(T)/圈高(H)/扭曲(W)] <默认值>：180（输入螺旋高度）

按〈Enter〉键结束命令，螺旋线如图 10-24a 所示。

如果底面半径和顶面半径相同，则创建沿圆柱面形成的螺旋线。如果底面半径和顶面半径不同，则创建沿圆锥面形成的螺旋线。

注意：在输入螺旋高度时需计入两端切平高度。

2）绘制扫掠对象圆。

单击"绘图"工具栏中的"圆"按钮，以螺旋线的一个端点为圆心绘制直径为 8mm 的圆，如图 10-24a 所示。

（2）用"扫掠"命令生成三维实体弹簧

单击功能区"常用"→"建模"→"扫掠"图标

系统提示如下。

命令：_sweep

选择要扫掠的对象：（单击图 10-24a 中的小圆）

选择要扫掠的对象：（按〈Enter〉键结束选择）

选择扫掠路径或 [对齐(A)/基点(B)/比例(S)/扭曲(T)]：（单击图 10-24a 中的螺旋线）

生成实体对象弹簧，如图 10-24b 所示。

（3）将三维实体弹簧两端切平

1）切平下底面。

单击功能区："常用"→"实体编辑"→"剖切"命令 。

系统提示如下。

命令：_slice

选择要剖切的对象：（单击实体弹簧）

选择要剖切的对象：（按〈Enter〉键结束选择）

指定切面的起点或[平面对象(O)/曲面(S)/Z 轴(Z)/视图(V)/XY(XY)/YZ(YZ)/ZX(ZX)/三点(3)] ＜三点＞：

xy（根据设定坐标选择剖切平面）

指定 XY 平面上的点 ＜0,0,0＞：0,0,7（输入下底面剖切位置坐标）

在所需的侧面上指定点或 [保留两个侧面(B)] ＜保留两个侧面＞：（单击需保留的一侧）

2）切平上底面。

单击功能区："常用"→"实体编辑"→"剖切"命令 。

系统提示如下。

命令：_slice

选择要剖切的对象：（单击实体弹簧）

选择要剖切的对象：（按〈Enter〉键结束选择）

指定切面的起点或 [平面对象(O)/曲面(S)/Z 轴(Z)/视图(V)/XY(XY)/YZ(YZ)/ZX(ZX)/三点(3)] ＜三点＞：

xy（根据设定坐标选择剖切平面）

指定 XY 平面上的点 ＜0,0,0＞：0,0, 173（输入上底面剖切位置坐标）

在所需的侧面上指定点或 [保留两个侧面(B)] ＜保留两个侧面＞：（单击需保留的一侧）

两端切平后的弹簧实体效果如图 10-24c 所示。

2. 已知齿轮的模数 $m = 3$，齿数 $z = 19$，试绘制如图 10-25 所示齿轮的三维实体模型

操作步骤如下。

（1）绘制齿轮的平面图形

1）根据齿顶圆直径、分度圆直径和齿根圆直径绘制 3 个同心圆，再过圆心和齿顶圆的

下象限点绘制一条辅助线，如图 10-26a 所示。

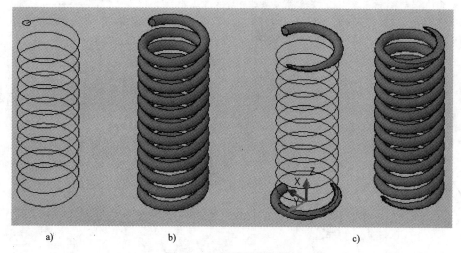

图 10-24　螺旋弹簧的绘制

a) 绘制螺旋线及圆　b) 扫掠为三维实体弹簧　c) 剖切弹簧两端面

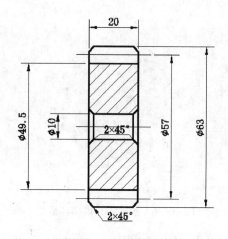

图 10-25　齿轮的主视图

2）利用标准齿轮的齿厚等于齿槽宽的原理，将分度圆做 8z 等分（z 为齿数）。

单击"修改"工具栏中的"阵列"按钮，弹出"阵列"对话框，选中"环形阵列"单选按钮。单击"拾取中心点"按钮后，在绘图区捕捉同心圆的圆心。回到对话框，在"项目总数"文本框中输入 152（齿数的 8 倍），并保留"填充角度"文本框中的默认设置，即做 360°的环形阵列。单击"选择对象"按钮，在绘图区中选择辅助线阵列对象。按〈Enter〉键，回到对话框，单击"确定"按钮，完成环形阵列，如图 10-26b 所示。

3）单击"绘图"工具栏中的"样条曲线"按钮，过交点 A、B、C 绘制一条样条曲线（为方便作图，可以用样条曲线代替渐开线），再过交点 D、E、F 绘制另一条样条曲线，如图 10-26c 所示。

4）修剪多余图线，完成一个轮齿的绘制，如图 10-26d 所示。

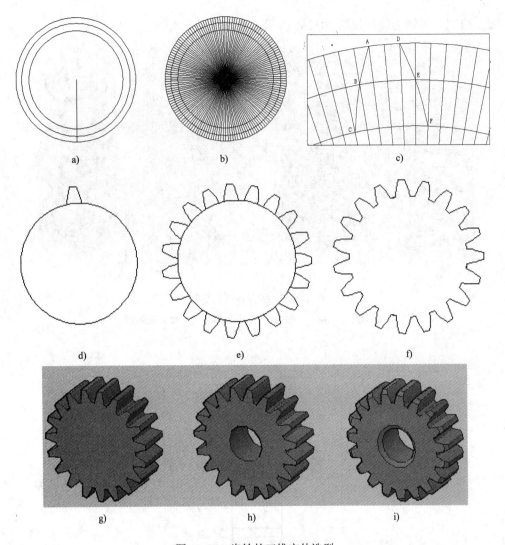

图 10-26　齿轮的三维实体造型

5）单击"修改"工具栏中的"阵列"按钮，弹出"阵列"对话框，选中"环形阵列"单选按钮。单击"拾取中心点"按钮后，在绘图区捕捉齿根圆的圆心，回到对话框，在"项目总数"文本框中输入 19（齿轮的齿数），填充角度为默认值 360°。单击"选择对象"按钮，在绘图区中选择齿廓和齿顶轮廓线为阵列对象。按〈Enter〉键，回到对话框，单击"确定"按钮，完成环形阵列，如图 10-26e 所示。

6）修剪多余图线，如图 10-26f 所示。

7）单击"绘图"工具栏中的"面域"按钮，将齿轮端面轮廓线创建为面域。

（2）创建齿轮的三维实体

1）在状态栏中将绘图模式转为三维建模，在"视图"中将观察方向设为"西北等轴测"方向，将"视觉样式"设为"概念"，以便于观察。

2）单击"建模"工具栏中的"拉伸"按钮，将面域拉伸 20mm，如图 10-26g 所示。

（3）绘制齿轮的中心圆孔

1）单击"建模"工具栏中的"圆柱体"按钮，捕捉齿轮可见端面的圆心为圆柱底面的圆心，创建一个底面半径为 10，高度为 20 的圆柱体。

2）单击"建模"工具栏中的"差集"按钮，将齿轮实体与圆柱体做"差集"运算，得到带轴孔的齿轮实体，如图 10-26h 所示。

（4）在轮齿的两端面和轴孔的两端面上倒角

1）单击"修改"工具栏中的"倒角"按钮，在一个轮齿的两端面倒角。

命令：_chamfer

（"修剪"模式）当前倒角距离 1 = 0.0000，距离 2 = 0.0000

选择第一条直线或 [放弃(U)/多段线(P)/距离(D)/角度(A)/修剪(T)/方式(E)/多个(M)]：（单击一个轮齿的齿顶在端面上的轮廓线）

基面选择...

输入曲面选择选项 [下一个(N)/当前(OK)] <当前(OK)>：（按〈Enter〉键，选择"当前"选项）

指定基面的倒角距离 <0.0000>：2（输入基面的第 1 个倒角距离）

指定其他曲面的倒角距离 <2.0000>：（按〈Enter〉键，其他基面的倒角距离也为 2）

选择边或 [环(L)]：（再次单击该轮齿的齿顶在端面上的轮廓线）

选择边或 [环(L)]：（单击该轮齿的齿顶在另一个端面上的轮廓线）

选择边或 [环(L)]：（按〈Enter〉键结束倒角命令）

2）重复"倒角"命令，将所有的轮齿倒角，如图 10-26i 所示。

3）单击"修改"工具栏中的"倒角"按钮，在一个轴孔的两端面倒角；倒角过程同轮齿倒角一样，创建完成后的齿轮实体如图 10-26i 所示。

■ 课后练习

绘制如图 10-27 所示零件的三维实体图。

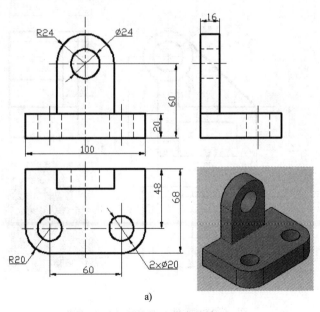

a)

图 10-27 零件的三维实体练习

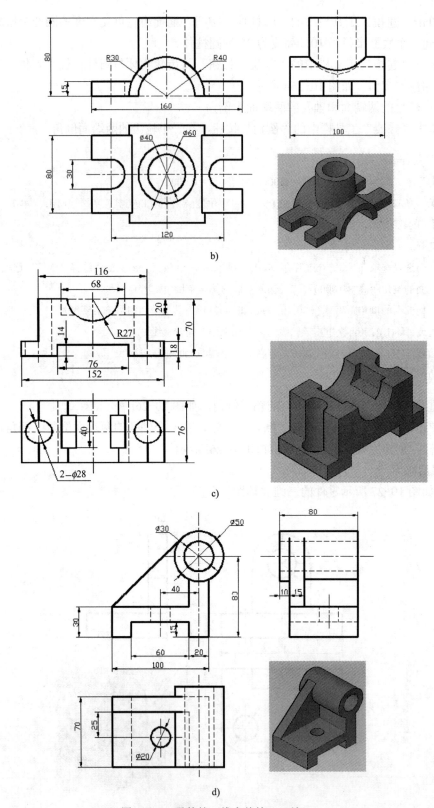

b)

c)

d)

图 10-27　零件的三维实体练习（续）

第11章 打印出图

机械图样绘制完成后，需要对其进行打印输出。AutoCAD 绘图软件提供了两种不同的工作环境，称为模型空间和图纸空间，分别用"模型"和"布局"选项卡表示，位于绘图区域的左下角。用户可以在模型空间中进行打印出图，也可以使用图纸空间（布局）进行打印出图。

11.1 模型空间与图纸空间

11.1.1 模型空间

模型空间是指用户在其中进行设计绘图的工作空间。在模型空间中，用创建的模型来完成二维或三维物体的造型，标注必要的尺寸和文字说明。系统的默认状态为模型空间。当在绘图过程中，只涉及一个视图时，在模型空间即可以完成图形的绘制、打印等操作。如图 11-1 所示为图形在模型空间中的预览情况。

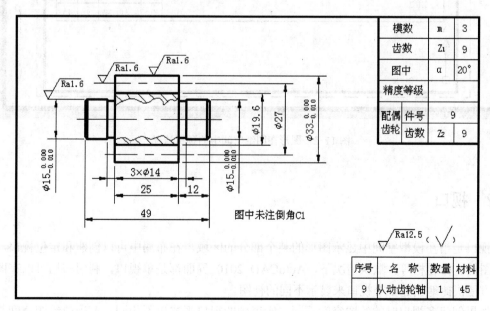

图 11-1　图形在模型空间中的预览情况

11.1.2 图纸空间

图纸空间，又称为布局，可以看作是由一张图纸构成的平面，且该平面与绘图区平行。利用图纸空间，可以把在模型空间中绘制的三维模型在同一张图纸上以多个视图的形式排列，如主视图、俯视图、左视图等，以便在同一张图纸上输出它们，而且这些视图可以采用不同的比例，而在模型空间则无法实现这一点。如图 11-2 所示为图形在图纸空间中的预览情况。

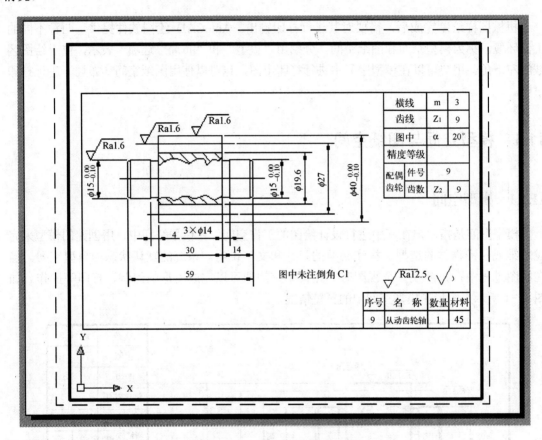

图 11-2   图形在图纸空间中的预览情况

11.2   视口

视口是指在模型空间中显示图形的某个部分的区域。在布局中可以创建和定位视口，并生成图框、标题栏等。默认情况下，AutoCAD 2010 界面都是单视口，利用布局可以在图纸空间方便快捷地创建多个视口来显示不同的视图。

如果创建多视口时的绘图空间不同，所得到的视口形式也不相同。若当前绘图空间是模型空间，创建的视口称为平铺视口；若当前绘图空间是图纸空间，则创建的视口称之为浮动视口。

11.2.1　平铺视口

对较复杂的图形，为了比较清楚地观察图形的不同部分，可以在绘图区域上同时建立多个视口进行平铺，以便显示几个不同的视图。

1．平铺视口的特点

1）视口是平铺的，它们彼此相邻，大小、位置固定，且不能重叠。

2）当前视口（激活状态）的边界为粗边框显示，光标呈十字形，在其他视口中呈小箭头状。

3）只能在当前视口进行各种绘图、编辑操作。

4）只能将当前视口中的图形打印输出。

5）可以对视口配置命名保存，以备以后使用。

2．平铺视口的创建

在模型空间下单击"视图"→"视口"→"新建视口"命令，系统弹出如图 11-3 所示的"视口"对话框。该对话框有"新建视口"和"命名视口"两个选项卡，下面分别介绍这两个选项卡。

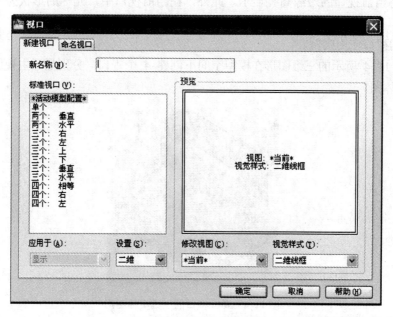

图 11-3　"视口"对话框

（1）"新建视口"选项卡

该选项卡用于创建并设置新的平铺视口。各选项功能如下。

◇ 新名称：为新建的模型空间视口配置指定名称。如果不输入名称，则新建的视口配置只能应用而不能保存。如果视口配置未保存，将不能在布局中使用。

◇ 标准视口：列出并设定标准视口配置，包括当前配置。

◇ 预览：显示选定视口配置的预览图像，以及在配置中被分配到每个单独视口的默认视图。

◇ 应用于：将模型空间视口配置应用到整个显示窗口或当前视口。

● 显示：将视口配置应用到整个"模型"选项卡显示窗口。"显示"选项是默认设置。

● 当前视口：仅将视口配置应用到当前视口。

◇ 设置：指定二维或三维设置。如果选择二维，新的视口配置将通过所有视口中的当前视图来创建。如果选择三维，一组标准正交三维视图将被应用到配置中的视口。

◇ 修改视图：用从列表中选择的视图替换选定视口中的视图。可以选择命名视图，如果已选择三维设置，也可以从标准视图列表中选择。在"预览"区域查看选择。

◇ 视觉样式：将视觉样式应用到视口。

（2）"命名视口"选项卡

该选项卡中显示了已命名的视口配置。选择其中一个时，该视口配置的布局情况将显示在预览框中。

当图形窗口中设置了多个视口时，不能同时在多个视口中进行操作，而只能在其中的某一个视口中输入光标和执行视图命令，这个视口被称为当前视口。如果需要将某个视口设置为当前视口，在该视口范围内单击鼠标左键即可。为了将当前视口和其他视口区分开来，AutoCAD 将当前视口的边缘高亮显示。此外，在当前视口中，光标的形状为十字形；而在其他视口中，光标的形状为箭头形。

★ 平铺视口应用实例。

将如图 11-4 所示的三维图形在模型空间下创建 4 个视口，分别显示主视图、俯视图、左视图和立体图。

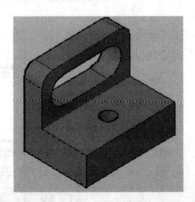

图 11-4 单一视口的三维实体图形

1）单击"视图"→"视口"→"已命名"命令，弹出"视口"对话框，在"新建视口"选项卡的"新名称"文本框中输入"三维实体的四个视口"，将"标准视口"设为"四个：相等"。

2）单击左上角视口，在"设置"下拉列表框中选择"三维"选项。"修改视图"为"前视"，"视觉样式"为"二维线框"。

3）单击左下角视口，在"设置"下拉列表框中选择"三维"选项。"修改视图"为"俯视"，"视觉样式"为"二维线框"。

4）单击右上角视口，在"设置"下拉列表框中选择"三维"选项。"修改视图"为"左视"，"视觉样式"为"二维线框"。

5）单击右下角视口，在"设置"下拉列表中选择"三维"选项。"修改视图"为"西南等轴测"，"视觉样式"为"概念"。设置结果如图11-5所示。

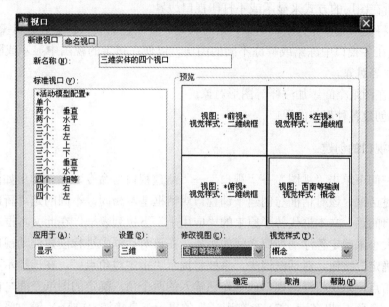

图11-5 "视口"对话框中的设置

单击"确定"后，屏幕上显示4个视口，单击每个视口，对其大小、位置进行调整。三维实体图形即以主视图、俯视图、左视图和立体图的布局显示出来，如图11-6所示。

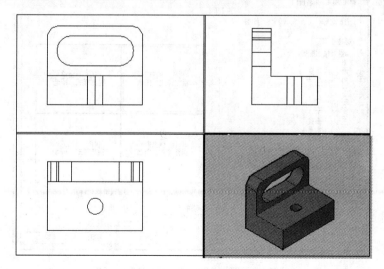

图11-6 4个视口的平铺视口

11.2.2 浮动视口

在图纸空间（布局）可以创建多个视口，这些视口称为浮动视口。

1．浮动视口的特点

1）视口是浮动的。各视口可以改变位置，也可以相互重叠。

2）浮动视口位于当前层时，可以改变视口边界的颜色，但线型总为实线，可以采用冻结视图边界所在图层的方式来显示或不打印视口边界。

3）可以将视口边界作为编辑对象，进行移动、复制、缩放、删除等编辑操作。

4）可以在各视口中冻结或解冻不同的图层，以便在指定的视图中显示或隐藏相应的图形、尺寸标注等对象。

5）可以在图纸空间添加注释等图形对象。

6）可以创建各种形状的视口。

2．浮动视口的创建

在图纸空间下单击"视图"→"视口"→"新建视口"命令，系统弹出如图 11-7 所示的"视口"对话框。该对话框与创建平铺视口对话框基本相同，不同的是"新建视口"选项卡中的"视口间距"文本框代替了原来的"应用于"下拉列表框。在此文本框中，用户可以改变数值的大小来确定各浮动视口之间的距离。在该对话框中进行创建浮动视口的各种设置后，单击"确定"按钮，对话框消失，系统将提示"指定对角点："。在该提示下输入浮动视口的第二个角点，系统将浮动视口放置在已输入的两个角点确定的图纸空间之内。如果用户在"指定第一个角点或[布满（F）]<布满>："的提示下直接按〈Enter〉键，系统会将用于放置浮动视口的矩形区域充满整个空间。

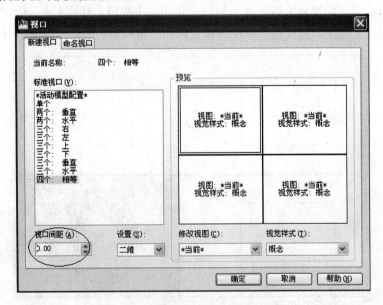

图 11-7　图纸空间下的"视口"对话框

3．浮动视口的编辑

为了能够对浮动视口中的图形对象进行编辑，AutoCAD 2010 提供了图纸空间下的浮动视口进入临时模型空间的方法。浮动视口进入临时模型空间后，用户便可对其内部的图形对象进行编辑，也可以在该浮动视口内进行绘图，此时的图纸空间称为浮动模型空间。

图纸空间与浮动模型空间之间的相互切换可以用以下方法进行。

（1）鼠标双击

在图纸空间状态下双击任意一个浮动视口，该浮动视口即可进入临时模型空间，图纸空间也随之切换至浮动模型空间。在浮动模型空间状态下的视口外任意位置双击，系统即可切换至图纸空间。

（2）单击状态栏的"图纸/模型"按钮

在图纸空间状态下单击状态栏的"图纸"按钮，系统由图纸空间切换至浮动模型空间。此时，状态栏的"图纸"按钮变为"模型"按钮；在浮动模型空间状态下单击状态栏的"模型"按钮，系统则由浮动模型空间切换至图纸空间，此时，状态栏的"模型"按钮又变为"图纸"按钮。

（3）通过命令行输入命令

在命令行中输入"MSPACE"，按〈Enter〉键，系统由图纸空间切换至浮动模型空间；在命令行输入"PSPACE"，按〈Enter〉键，系统由浮动模型空间切换至图纸空间。

11.3　打印输出

AutoCAD 2010 绘制的图形可以在模型空间下直接打印输出，也可以在图纸空间下打印输出。

11.3.1　模型空间输出图形

操作步骤如下。

（1）在模型空间中，输入打印命令"PLOT"，系统打开"打印-模型"对话框，如图 11-8 所示

（2）打印设置

在"打印-模型"对话框中，对其"页面设置"、"打印机/绘图仪"、"图纸尺寸"、"打印区域"、"打印偏移"、"打印比例"、"打印份数"等选项组进行相应设置。

（3）打印预览

打印设置后应进行打印预览。在预览画面上单击鼠标右键，在打开的右键快捷菜单中选择"退出"（Exit）选项，即可返回"打印"对话框，或按〈Esc〉键退回，如预览效果不理想可进行修改设置。

（4）打印出图

预览满意后，单击"确定"按钮，开始打印出图。

图 11-8 "打印-模型"对话框

11.3.2 图纸空间输出图形

通过图纸空间（布局）输出图形时可以在布局中规划视图的位置和大小。

在图纸空间单击"文件"→"打印"命令，系统将弹出如图 11-9 所示的"打印-布局1"对话框。在该对话框的"页面设置"选项组中可以将设置好的页面选为当前布局的设置样式进行打印，也可以单击"添加"按钮进行新的页面设置。

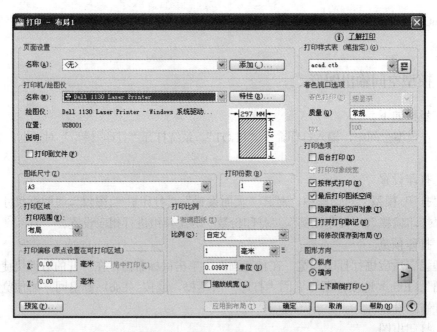

图 11-9 "打印-布局1"对话框

11.4 实训——输出与打印的设置

1. 在模型空间打印如图 11-1 所示的从动齿轮轴

1）在模型空间打开从动齿轮轴零件图。

2）单击功能区"输出"→"打印"按钮，或选择菜单栏"文件"→"打印"选项，弹出如图 11-8 所示"打印-模型"对话框。

在对话框中做如下设置。

在"打印机/绘图仪"选项组的"名称"下拉列表框中选择使用的打印设备；在"图纸尺寸"下拉列表框中选择"A4"选项；在"打印份数"文本框中输入打印的份数（默认为 1份）；在"打印区域"选项组的"打印范围"下拉列表框中选择"窗口"选项；返回绘图区域窗口选择打印范围。在"打印比例"选项组中选择"布满图纸"复选框；在"打印偏移"选项组可以初步选择"居中打印"复选框；在"图形方向"选项组中选中"横向"单选按钮，打印设置如图 11-10 所示。

图 11-10　在模型空间打印从动齿轮轴的打印设置

3）单击"打印-模型"对话框中的"预览"按钮，在弹出的预览窗口内对打印效果进行预览，如图 11-1 所示。

4）得到满意的预览效果后，退出预览窗口，返回"打印-模型"对话框，单击"确定"按钮即可在模型空间打印出图。

或在预览窗口的工具栏中单击"打印"按钮，或在预览窗口内单击鼠标右键，在弹出的打印预览快捷菜单中选择"打印"选项，均可在模型空间打印出图。

2. 试用打印机或绘图仪打印本教材中所绘制的零件图和装配图

附　录

附录 A　AutoCAD 的功能键、快捷键

表 A-1　功能键及其作用

序号	功能键	作用	序号	功能键	作用
1	F1	帮助	7	F7	栅格显示控制
2	F2	图形窗口和文本窗口的切换	8	F8	正交模式控制
3	F3	对象自动捕捉	9	F9	栅格捕捉模式控制〈Ctrl+B〉
4	F4	数字化仪控制	10	F10	极轴模式控制
5	F5	等轴测平面切换	11	F11	对象追踪模式控制
6	F6	状态行坐标的显示方式控制	12	F12	动态输入控制

表 A-2　快捷键及其作用

序号	快捷键	作用	序号	快捷键	作用
1	Ctrl+B	栅格捕捉模式控制〈F9〉	11	Ctrl+6	打开图像数据库连接管理器
2	Ctrl+C	将选择的对象复制至剪切板	12	Ctrl+O	打开图像文件
3	Ctrl+F	对象自动捕捉〈F3〉	13	Ctrl+P	打开打印对话框
4	Ctrl+G	栅格显示模式控制〈F7〉	14	Ctrl+S	保存文件
5	Ctrl+J	重复执行上一步命令	15	Ctrl+U	极轴模式控制〈F10〉
6	Ctrl+K	超级链接	16	Ctrl+V	粘贴剪贴板上的内容
7	Ctrl+N	新建图形文件	17	Ctrl+W	对象追踪模式控制〈F11〉
8	Ctrl+M	打开选项对话框	18	Ctrl+X	剪切所选择的内容
9	Ctrl+1	打开特性对话框	19	Ctrl+Y	重作
10	Ctrl+2	打开图像资源管理器	20	Ctrl+Z	取消前一步的操作

附录 B AutoCAD 常用命令

1. 常用绘图命令

命　令	命令别名	用　途
LINE	l	绘制直线
MLINE	ml	绘制多线（多重平行线）
PLINE	pl	绘制多段线
POLYGON	pol	绘制闭合多边形
RECTANG	rec	绘制矩形
ARC	a	创建圆弧
CIRCLE	c	创建圆
ELLIPSE	el	创建椭圆
BLOCK	B	创建块
WBLOCK	w	写块文件
INSERT	Ddinsert、i	插入块
POINT	po	创建点
BHATCH	h、bh	用图案填充封闭区域
HATCH	h	用图案填充封闭区域
TEXT	t	创建单行文字
DTEXT	dt	创建单行文字
MTEXT	t、mt	创建多行文字
DIVIDE	div	将点对象或块沿对象的长度或周长等间距排列
MEASURE	me	将点对象或块在对象上指定间隔放置
PLOT	print	打印图形

2. 常用编辑命令

命　令	命令别名	用　途
ERASE	e	删除图形对象
COPY	co、cp	复制对象
MIRROR	mi	创建镜像对象
OFFSET	o	偏移（创建同心圆、平行线或等距曲线）
ARRAY	ar	阵列（创建按指定格式排列的多重对象副本）
MOVE	m	移动对象

命　　令	命令别名	用　　途
ROTATE	ro	按指定基点旋转对象
SCALE	sc	在 X、Y、Z 方向等比例放大或缩小对象
STRETCH	s	移动或拉伸对象
LENGTHEN	len	拉长对象
TRIM	tr	用其他对象定义的剪切边剪切对象
EXTEND	ex	延伸对象到另一对象
BREAK	br	部分删除对象或把对象分解为两部分
CHAMFER	cha	给对象加倒角
FILLET	f	给对象加圆角
EXPLODE	x	将组合对象分解为对象组件
DDEDIT	ed	编辑修改文字注释
PEDIT	pe	编辑多段线

3. 缩放命令

命　　令	命令别名	用　　途
PAN	p	在当前视口移动视图
ZOOM	z	放大或缩小当前视图中的对象
PURGE	pu	从图形中删除未使用的块定义、图层等项目
REDRAW	r	刷新图形
REDRAWALL	ra	刷新所有视口的显示
REGEN	re	从图形数据库重生成整个图形
REGENALL	rea	重生成图形并刷新所有视口

4. 查询

命　　令	命令别名	用　　途
AREA	aa	计算对象或定义区域的面积和周长
DIST	di	两点之间的距离、角度
LIST	li、ls	显示选定对象的数据库信息
ID	id	显示点坐标

参 考 文 献

[1] 罗卓书. AutoCAD 2008 中文版培训教程[M]. 北京：电子工业出版社，2008.

[2] 姜勇，郭英文. AutoCAD 2010 机械制图基础教程[M]. 北京：人民邮电出版社，2010.

[3] 李宏磊，谢龙汉. AutoCAD 2010 机械制图[M]. 北京：清华大学出版社，2011.

[4] 陈平，张双侠，伊利平. AutoCAD 2010 基础与实例教程[M]. 北京：机械工业出版社，2011.

[5] 李宏. AutoCAD 2009 机械绘图[M]. 北京：机械工业出版社，2010.

[6] 陈志民，AutoCAD 2010 机械绘图实例教程[M]. 北京：机械工业出版社，2009.

[7] 徐文胜. AutoCAD 2010 实训教程[M]. 北京：机械工业出版社，2011.

[8] 张永茂，王继荣. AutoCAD 2010 中文版机械绘图实例教程[M]. 北京：机械工业出版社，2010.

[9] 程绪琦，王建华. Autodesk AutoCAD 2010 机械制图标准实训教材[M]. 北京：人民邮电出版社，2010.

[10] 前沿思想. AutoCAD 2010 机械制图经典 200 例[M]. 北京：北京希望电子出版社，2009.

[11] 张晓峰，常玮. AutoCAD 2010 机械图形设计[M]. 北京：清华大学出版社，2009.

[12] 崔宏斌. AutoCAD 机械制图习题集锦（2010 版）[M]. 北京：清华大学出版社，2009.

[13] 景英峰. AutoCAD 2010 机械制图标准教程[M]. 长沙：国防科技大学出版社，2011.

[14] 苟佳鹏. AutoCAD 2008 机械制图经典教程[M]. 北京：北京科海电子出版社，2008.